U0095843

科學調酒聖經

調酒創作理論與技術

南雲主于三 / 著

瑞昇文化

THE MIXOLOGY

Shuzo Nagumo

前言

本書旨在闡述我個人對於「科學調酒[※]」的理解，還有「我是以什麼邏輯調製雞尾酒」。這不是一本調酒教科書，也不是一本酒譜大全。每一杯雞尾酒，除了酒譜，我也會解釋製作方法，並著重於設備的使用目的與意義。重要的不是酒譜，而是我設計酒譜的過程，我創作的軌跡；使用的工具亦有其必要性。我希望讀者將書中的調酒視為未來創作方程式的片段，而不是寫了答案的答案卷。

科學調酒是什麼？我認為這個問題沒有答案。這個概念也許要到未來 10 年，20 年才會成形，不過在我撰寫本書的時間點，廣義上可以定義為「不受框架限制、自由創作的調酒」；我也在書中完全公開了我的見解。希望讀者將技法、材料、設備視為「大拼圖的其中一塊碎片」，而不只是單獨的「點」。如此一來，我相信各位將看見嶄新的世界。

科學調酒可謂一門綜合藝術，各種工具、技術、材料和創意交織成一杯酒。讀者先看酒譜，接著閱讀創作邏輯，然後再回到酒譜，將更加深入理解我為何、如何製作這樣一杯酒。調酒是一項「結果」，不同的想法和材料的組合，也會造就變化無窮的結果。期許各位將書中的酒譜當作一種參考例子，一種創作方程式，加以應用於自身的調酒創作。

南雲主于三

※本書將 mixology／mixologycocktail 翻譯為「科學調酒」，用以表現作者認為其較為科學化的特徵。然而 mixology、cocktail 兩者在中文上皆可稱作「調酒」（雞尾酒），差異在於前者的意涵更廣泛，包含有酒精與無酒精的調飲。關於作者對於兩詞的定義，請見 p.8 ～ 10、p.17 ～ 18 的內容。

目錄

第 1 章

何謂科學調酒

1. 科學調酒的定義

Mixology 是一個新詞，結合了 mix（混合）與字尾 - logy（「～學」、「～論」），根據字面應翻譯成「混合論」，但調酒界的普遍解釋如下：

泛指任何憑藉自由創意所創作，超越傳統概念的調酒。而製作這類調酒的人，則稱作 mixologist[※]。

此稱呼自 2000 年代中期開始逐漸於歐美地區普及。直至今日，眾人依然於網路和公共場合議論「Mixologist 和 Bartender 的差異」。若取這些討論內容的最大公因數，兩者的差異如下（此處僅表示歐美的認知，而非日本的認知）：

Bartender　傳統調酒師
- 了解並有能力製作許多經典調酒
- 參與店鋪管理，包含庫存管理和經營
- 能掌控多位客人，隨時調整店內狀況
- 能同時應對多位客人

Mixologist　科學調酒師
- 使用創新的自製材料，創作獨特的調酒
- 重新詮釋經典調酒，提高精緻度
- 開發、尋找、應用新的技術和技巧
- 研究並支持調酒師發展業務領域（擔任顧問）

※ 參考資料：https://www.thespruce.com/what-is-mixology-759941
https://drinks.seriouseats.com/2013/08/history-origins-of-the-term-mixologist-nineteenth-century-drinking-bartenders-jerry-thomas.html

讀者或許已經了解，科學調酒師更偏重技術，傳統調酒師則具有較多經營者、控管者的意涵。百餘年前，調酒師也稱為「Barkeeper」（酒保）。吧台是顧客和店家的分界線，而調酒師擔任門房的角色，不讓顧客擅自拿取酒櫃上的酒來喝，聆聽顧客的談話，提供酒水，將鬧事的客人趕出門。曾有一句話這麼形容調酒師：「他們有時是調製飲料的專家，管理整間酒吧；有時則是顧客最棒的諮商師、最好的朋友。」調酒師不僅僅是調酒專家，也扮演著療癒顧客心靈，幫助顧客恢復活力的城市醫生。

那麼，科學調酒師又扮演了什麼角色？根據我思考的定義，其中包含了「創新」和「驚奇」的意涵：「有時候是調製飲品的人，有時是科學家，總在尋求、創造新的調飲技術，開拓調酒文化」。科學調酒師始終不遺餘力地尋找新技術，

開發新的呈現方式，探索新的材料，故應該視之為具備某種科學家精神、求知若渴的一群人。

「Mixology」一詞的概念變遷／意同「Cocktail」→成為潮流領導者

儘管坊間盛傳「Mixology 一詞出現於 1990 年代」，但這絕非新概念。據現階段調查，這一詞最早出現於 1891 年舊金山一名調酒先驅，威廉・T・布斯比（William T. Boothby）的著作《雞尾酒：布斯比式美國調酒師》（Cocktail Boothby's American Bartender）。此後，這個詞散見於調酒書籍，但並不具有今日這種「超越既定概念之新式調酒」的意涵。1948 年出版的韋氏辭典，定義 Mixology 為「製作調飲的藝術和技能」。換句話說，這幾乎成了「Cocktail」（調酒／雞尾酒）的別稱，兩詞幾乎可視為相同意義。

直到 2000 年前後，「Mixology」、「Mixologist」等詞彙才開始受到關注。古典詞語包上一層新概念，轉瞬之間成為眾所矚目的焦點，宛如新星誕生，迅速席捲全球調酒界，許多調酒師開始自稱 Mixologist。

可想而知，隨之而來的是新一波調酒熱潮。起初人人一味地追求前衛，創造前所未有的創新口味和呈現方式，出人意表的調酒相繼登場。但隨著潮流轉變，眾人對創作的興趣也逐漸轉向溫故而知新，探討調酒起源和歷史的書籍陸續出版，全球調酒競賽也開始將經典調酒列為競賽主題。因此，調酒師若想在比賽中取勝，就必須閱讀古老的文獻，探究調酒的歷史。2010 年至今，古典雞尾酒（Old-Fashioned）、賽澤瑞克（Sazerac）、內格羅尼（Negroni）等經典調酒的全球知名度扶搖直上。

另一方面，Mixology 的創作風氣也遍及世界各地，網羅各種材料，並催生出新的調酒風格。風味的領域進一步擴張，多樣性增加，毫無疑問促進了調酒的發展。走遍世界的旅客，也會到各國知名酒吧尋求驚奇和酷炫的調酒。這股潮流也刺激了可謂調酒開發中國家的非洲、中東和東南亞國家，萌生出調酒文化，並迅速成長。

這場堪稱調酒革命的劇變背後，隱藏著許多強力的影響因素，比如「全球調酒大賽」的激烈競爭，以及旨在「共享資訊與技術」的社群媒體、網路傳播的力量。調酒比賽總是追求創新，所以也紛紛湧現出許多調酒創作，其具備有意義的敘事、有儀式感且吸引人的呈現手法，以及新技術、新理念。這些新的調酒作品透過社群媒體和 YouTube 散播出去，誕生當日便被分享給全球的調酒師，加速了調酒的革新。

※ 此處雖將 Mixologist 翻譯成科學調酒師，將 Bartender 翻譯成傳統調酒師，但僅是為了表現兩者在英文中的認知差異，中文習慣上皆稱為「調酒師」。

2. 調酒的歷史

Mixology 這個象徵「新式調酒」的詞彙誕生，成了當今全球調酒風潮的重要基點。然而，在一一探索各種趨勢之前，我們應該先了解一下調酒的整體歷史脈絡。

1800 年代　雞尾酒誕生～傑瑞‧湯馬斯的時代

時光倒轉約 200 年，1806 年 5 月 6 日的紐約《平衡報》（The Balance）上有一篇選舉評論報導，裡頭出現了「cocktail」一詞，作為某種比喻。隔週的 13 日，報社針對讀者來信詢問報導內容的回應中，前言有這麼一段文章：

Cock tail, then in a stimulating liquor, composed of spirits of any kind, sugar, water and bitters it is vulgarly called a bitteredsling,...
（雞尾酒是一種刺激性的酒品，由任何種類的烈酒、糖、水和苦精調和而成。俗稱苦味司令。）

據傳這是目前已知的最早的「雞尾酒定義」。有趣的是，原來當時就有「司令」（sling）這個詞了。而文中描述的苦味司令（bitteredsling），看起來就是「古典雞尾酒」（Old Fashioned）的原型。

1860 年代，人稱「教授」的傑瑞‧托馬斯（Jerry Thomas）大大推動了調酒的發展。其著作《調酒師指南》（Bar-Tenders Guide）詳細記載了基礎調酒技術、酒譜，以及自製材料的製作方法，成為當時廣為流傳的調酒師聖經。當時，人們要如何取得冰塊？19 世紀初，美國商人弗雷德里克‧都鐸（Frederic Tudor）成功開創了世界上第一樁天然冰塊開採與銷售生意，此後冰塊開始在市場上流通。至於製冰機則要晚些時候才會普及，那是 1869 年，斐迪南‧卡雷（Ferdinand Carré）在美國開設了 5 家製冰廠之後的事了。

禁酒令時代

1920 年，美國實施禁酒令，許多調酒師遠走歐洲。這是促使調酒文化傳入歐洲的重要歷史事件，不過美國的調酒文化並未就此衰退。1920 年代的美國，史稱咆哮的二零年代（Roaring Twenties），音樂和調酒等文化元素反而蓬勃發展。就算政府禁止飲酒，人民也會躲起來喝，許多避人耳目的「地下酒吧」（speakeasy）應運而生。由於當時許多私釀酒品質低劣，人人開始研究如何與其他材料「調合」才能入口。諷刺的是，許多流傳至今的經典調酒都是在這

個時代誕生的。

這些地下酒吧通常是由黑手黨經營，除了提供酒精飲料，也是當代的娛樂和密會場所。地下酒吧成了人們逃避法網，面對人性慾望的「地下文化沙龍」，不僅發展出許多調酒，也是文學和藝術的發源地。

美國解除禁酒令後（1933 年），提基（tiki，指玻里尼西亞文化）調酒從好萊塢出發，席捲了全球餐廳、酒吧業。邁泰（Mai-Tai）等蘭姆酒基底的熱帶風調酒開始盛行。

第二次世界大戰後～調酒大眾化

二戰後 15 年，到了 1960 年代，如今廣為人知的「經典調酒」近乎悉數誕生。同時也流行起許多反映了當代富麗氛圍的派對調酒，如潘趣酒（punch）。調酒再也不是地下文化，搖身一變，成為光鮮亮麗、華美場合的象徵。

1980 ～ 1990 年代「當代調酒」

1987 年的紐約，「雞尾酒之王」戴爾・德格羅夫（Dale Degroff）率領的團隊，在洛克菲勒中心（Rockefeller Center）的餐廳「彩虹廳」（Rainbow Room）供應以傑瑞・湯瑪斯的調酒為基礎發展出來的當代調酒，造成轟動。此後，調酒文化得到更多關注，「Mixology」這個單字也開始出現。

1980 年代後半～ 1990 年代的當代調酒，追求「不甜」（dry）的口味，呈現一種「反抗以往甜膩雞尾酒」（anti-rich）的態度，尤其是短飲調酒，人們追求更不甜、更銳利、更清爽的味道。再者，1990 年代的電視劇也捧紅了柯夢波丹（Cosmopolitan），成為當時業界的一大話題。以往，調酒在電影和廣告中都只是一種小道具（最為一般調酒愛好者熟悉的，莫過於 007 系列電影中屢次出現的伏特加馬丁尼、馬丁尼加冰），足見媒體的影響力日漸壯大。

2000 年代至今　科學調酒的時代

接著，科學調酒準備大行其道。

據說現代調酒最早的變革，同時發生於舊金山和倫敦。以往的調酒，常識上都是使用現有的利口酒製作，調酒師幾乎不會自行製作材料。這一點不分日本和歐美。然而 2000 年左右，倫敦的飯店調酒師對此產生了疑問：「現代這麼容易取得新鮮水果，為什麼還要使用利口酒？」

於是，新鮮水果馬丁尼誕生了。調酒師開始關注調酒中的每一項成分，某些情況下也不再使用市售的果汁飲料，而是用水果現榨果汁，自行浸泡香料，嘗試以前酒譜沒有的材料，如蔬菜、香草、水果⋯⋯。調酒的材料選擇一口氣擴增，進而開拓了調酒的多元性。

另外，進入 20 世紀後，餐飲業關注的技術和概念也傳入調酒界，例如真空調理、質地的多樣性（如細緻的慕斯、輕盈的泡泡、凝膠），以及液態氮。調酒界開始大量引進這方面的器具、機械，以及材料。而調酒師也受到當時餐飲界革新的影響，慢慢養成「探索新方法，創作新調酒」的態度。

新設備成了某些調酒師自製材料的基礎必備工具，掀起各式各樣的調酒浪潮。當然，其中也不乏盛極一時，如今卻乏人問津的案例，例如使用海藻酸鈉或各種凝膠劑使雞尾酒凝膠化，或做成魚子醬造型等「變型」的調酒，一度引起熱切的關注，最終卻未能成為主流。儘管調酒的表現形式變化無窮，但最終仍會回歸飲用者的喜好。話雖如此，這些技術（俗稱分子料理）依舊成了調酒的基本方法之一，廣泛應用於綴飾等方面。

3. 科學調酒的流變

經典調酒改編（twist）

近年來，調酒風格層出不窮。舉凡與「經典調酒」概念相對的「分子調酒」（p.15），「提基」、「裝飾性」、「極簡」等各種風格，求的都是與眾不同的特色。其中影響現代調酒最深遠的思維，莫過於「經典調酒改編」。

「經典調酒改編」自 2009 年起，成為全球調酒競賽的考題，全世界的調酒師開始思考這項概念。約莫同一時期，時尚界也開始關注「復古時尚」（retro chic），1950 ～ 1960 年代的時尚風格成為一陣流行。時尚趨勢通常與音樂息息相關，因此這些浪潮也自然傳播到文化要素相近的酒圈，而其中關鍵字就是「twist」。這個詞的意思是「重新詮釋舊有設計的本質」，在調酒界，這樣以現代思維詮釋的調酒便會用「twist」來形容，人們也會說「我想喝某某杯調酒的 twist」。「twist」如今已成為調酒的基本詞彙之一。

其實這個趨勢，與風靡全球的地下酒吧風格有深厚的關係。2008 年開始，禁酒令時代（1920 年～ 1933 年）的「地下酒吧」風格在歐美流行起來，許多酒吧仿效當年的地下酒吧，將大門設計得相當隱密。輸入密碼或破解機關，打開特定的入口後，便能進入燦爛的酒吧世界。復刻這種神秘空間，卻又以現代風格詮釋的酒吧風行全球，而這些酒吧提供的飲品，當然是 1920 年代前後的經典調酒，除此之外，也將不少 18 世紀的古典調酒列入酒單。酒吧有時候會遵照原始酒譜調製，但為了表現各自的特色，再加上現代材料與以前不同，照原始酒譜調製也無法取得風味平衡，所以通常會採取「改編＝ twist」。

地下酒吧風格成為一大趨勢，也促使人們回顧歷史，開始研究許多經典調酒，創造許多以經典調酒為基礎改編的酒譜。順帶一提，在這個過程中，許多 1950 年代（嚴格來說是 1930 年代～ 1960 年代斷斷續續）一度流行的提基調酒吧也得到復興。

材料的趨勢

科學調酒的一貫態度之一，是對材料的講究。不僅持續追求新穎的材料，也鑽研調酒的基本材料，如烈酒、利口酒、副材料、氣泡水……進而造就各項趨勢。

烈酒的「流行焦點」每隔幾年就會改變，比如 2000 年代初期流行伏特加，接著是高級龍舌蘭、波本威士忌、梅茲卡爾（mezcal）、苦精、琴酒……。順帶一提，截至 2019 年，酒界依然處於琴酒大流行的狀態。工藝琴酒（craft

gin）崛起，也牽動了通寧水等副材料的流行，至今各種產品不斷推陳出新。
至於接下來可能的流行趨勢……或許是蘭姆酒、干邑白蘭地、草本利口酒，或
是生命之水（eau de vie）也說不定。

至於其他材料的趨勢，其中一個例子是苦精的潮流。苦精是一種用酒萃取植物
苦味成分製成的濃縮液，古時候的人會當成胃藥飲用。2010 年左右起，隨著
經典調酒流行起來，調酒師之間也開始流行使用各式各樣的苦精，甚至會自行
製作，人人也將苦精視為能左右調酒特色的輔助材料。

苦精原本的用途是增添苦味，使調酒風味更集中、更立體，或點綴味道，現在
則有許多不同風味的苦精，例如薰衣草、小豆蔻、西洋芹、巧克力，甚至還有
山葵和旨味苦精。許多材料與其說是苦精，更像是酊劑（tincture，特定香氣
的濃縮液）。

最新技術趨勢

20 世紀初以前，「調酒趨勢」通常指的是「口味」和「風格」。例如，1980
年代流行的不甜調酒是一種口味的趨勢（1990 年代後期，極度不甜的趨勢漸
漸緩和）。同時期紅極一時的性感海灘（Sex on the beach）、柯夢波丹等調
酒，比較偏向電視劇和廣告的象徵，代表了「某種風格」。無論如何，技術和
手法並非當時的焦點，因為這些調酒並不需要任何特殊的技法，普通的方式即
可調製。直到 2005 年後，調製的手法始得到關注。

2005 年左右，調酒界開始應用俗稱「分子料理」的食品工程技術。「分子雞
尾酒（分子調酒）」 的領域，出現「晶球琴通寧」等必須使用特殊技術才能
實現的造型和質地，這類調酒也吸引了不少目光。此後，人們開始關注調酒的
技術與手法。

約莫從 2012 年開始，使用液態氮製作的霜凍調酒相當盛行。此後，還出現了
一些新型設備，比如旋轉濃縮機（旋轉蒸發儀）、離心機、超音波均質機、食
物乾燥機等。雖然這些設備價格不菲，但只要發揮出各自的特點，就能夠做出
特殊材料。由於其中一些設備的價格甚至超過 100 萬日圓，因此引進這些設備
的調酒師並不算多。既然這些設備並不適合所有人，便無法成為趨勢，然而使
用這些新設備所製作的材料或調酒，創造出的新味道，成了近年來最大的驚喜。
人們至今依然持續研究這些器材的用途，相信未來仍會繼續使用，而器材本身
也將繼續演進。

社群媒體＆ YouTube 的影響

這些運用新科技的調酒，光用看的絕對模仿不來。這些調酒講求專用的材料和精確的配方，不過 Facebook 和 YouTube 使得這些資訊得以透過簡明扼要的方式傳播出去。Facebook 上時時可見各種調酒相關報導，資訊不斷更新。世界各地的調酒師也開始雇用專業攝影師，拍攝調酒過程的影片，上傳至 YouTube。其他像 Sosa 這種販賣分子料理材料的公司，和 Polyscience 等販賣煙燻槍等器材的公司，也上傳了許多宣傳自家產品的影片。這些影片展示了書本無法傳達的製作過程與細節，人們得以輕易理解箇中竅門。

崇尚自然、環保意識、回饋社會

2008 年至今的短短數年間，調酒界出現了許多趨勢。2017 年以來，也多了一些新詞彙，例如「永續性」「在地化」「從菜園到杯子」（Garden to Glass）。

餐飲界的趨勢，總會在一段時間後影響調酒界。分子料理就是其中一個例子。如今，「永續性」的概念也進入調酒界，眾人開始追求更自然、更環保的做法，一些酒吧開始花心思將每日的廢棄物量減少至 100g 以下，或精心挑選使用的容器、材料，關注製作調酒上如何減少對環境造成的負擔。

「在地化」則是用調酒呈現地方文化的行動。如同餐飲界強調的「風土」（terroir）觀點，調酒界也開始尋求當地才能喝到的調酒，和能夠感受到在地文化的調酒。

「從菜園到杯子」與餐飲界的「從農場到餐桌」（Farmto Table）是相同的概念。人們開始使用更多採自菜園、庭園的新鮮香草植物製作調酒，我認為這與工藝琴酒的流行密不可分。隨著使用各種在地特色草本原料（botanical）的工藝琴酒受到關注，愈來愈多調酒師也更加注重「草本原料」。

未來，估計「健康」將成為更重要的概念。調酒界將思索如何解決過敏問題，開發近乎零含糖的調酒，以及照顧飲酒對身體造成的不良影響。過去，調酒追求純粹的創作性，如今則逐漸將環境和健康視為課題，相信這種趨勢將延續至2020 年代。

4. 傳統調酒與
科學調酒的思維差異

傳統調酒＝磨練「型」

此處以傳統調酒（standard cocktail）一詞，指稱第二次世界大戰前誕生的調酒，如馬丁尼（Martini）、曼哈頓（Manhattan）、琴蕾（Gimlet）、黛綺莉（Daiquiri）、瑪格麗特（Margarita）、亞歷山大（Alexander）……等等，國外稱之為經典調酒（classic cocktail），指涉範疇幾乎相同。也有部分人士將 18 ～ 19 世紀誕生的調酒稱作古典調酒（vintage cocktail），1900 年～ 1945 年誕生的調酒才稱作經典調酒。順帶一提，像臨別一語（Last word）、飛行（Aviation）、拉莫斯琴費斯（Ramos Gin Fizz）等享譽國際的經典調酒，在日本倒是鮮為人知。

此外，無論「傳統調酒」、「經典調酒」，含義都是「基本形式的調酒」，而非「古典」的意思，更強調的是其技法與配方的架構。

傳統調酒的酒譜可見一定的公式（但並非全數如此）。
最容易理解的配方比例為「3：1：1」或「4：1：1」。
例＞　　白蘭地 3：君度橙酒 1：檸檬汁 1
　　　　琴酒 3：君度橙酒 1：檸檬 1

原則上，調酒師可以在不破壞經典公式的情況下微調做法，然而隨意改組配方或添加不同的材料，某種程度上視同禁忌。假如做了這種事，調製出來的東西便無法稱作經典調酒，而是調酒師的自創調酒。傳統調酒師的心態，是恪遵這些基本原則。若以守破離 ※ 的概念來說，則非常注重「守」的部分。

此外，傳統調酒的材料通常為市售商品，鮮少自製材料。可以推論這種做法有助於調酒普及；而且使用自製材料，較容易確保調酒味道一致。

科學調酒＝自由創作

至於科學調酒的做法上有什麼特色？那就是「沒有常規」。

15 年前左右，盛傳一種說法：「科學調酒是只使用高級烈酒和天然材料，不添加任何人工甜味劑或利口酒製作的調酒」。

這是某個廠商的宣傳文案，當年的科學調酒確實具有這樣的特徵。然而，正如前文所述，科學調酒本是指做法沒有限制、可以自由使用各種器具製作的調酒。杯具也不見得要是杯子，可以使用陶器，甚至椰子殼。有時候會用冰製作杯子，也常用擺飾或花瓶充當杯具。唯一差異不大的地方，在於搖酒器、攪拌杯、吧匙、量酒器等器具。儘管這些調酒工具的設計上有些微改進，仍少有功能上脫胎換骨的案例。

傳統調酒和科學調酒決定性的差異，在於「不受現有酒譜的束縛」，可以隨心所欲製作和添加材料，如果需要，還可以使用真空機、離心機、蒸發儀等設備製作調酒。使用這些設備處理材料，也全是為了實現自己追求的風味。

如果說傳統調酒是「琢磨現有的東西」，那麼科學調酒就是「創造並組合出目前不存在的事物」。

※ 守破離：日本用來形容學習技藝的三個階段，先守（遵守規則），再破（打破規則），而後離（創造規則）。

第 2 章

探討調酒基本技法

「好喝的調酒與難喝的調酒差在哪裡」？為什麼使用相同的材料、相同的比例，每個人調出來的味道還是不一樣？這是許多調酒師和調酒愛好者長久以來的疑問。儘管我們知道材料的分量、工具、技術都有所影響，卻不知道技術具體上是如何影響成品的味道。好喝的調酒與難喝的調酒，結構上有什麼不同？這件事不分經典調酒或科學調酒，而是調酒最根本的大哉問，也是調酒師必須解決的重要課題。

可以肯定的是，我們必須掌握檢驗攪拌、搖盪等每一項行為的觀點。比如以攪拌為例，液體的溫度、冰塊的融水量，以及液體之間是否能夠充分混合（假如充分了解這些因素造成分子結合上有什麼差異，或許就能證實味道好壞的原因）。以搖盪為例，液體的溫度、充氣量、冰塊的融水量，理論上也會影響味道（研究各項條件，或許就能大致判斷一杯酒的最佳狀態）。先透過上述觀點，分析自己認為好喝的調酒滿足了哪些基礎條件，並設法重現，驗證結果是否存在連續性，藉此確保自己隨時都能調出理想的口味。接下來，也要了解條件改變時，溫度、融水量會產生什麼變化，這樣亦有助於自己在各種條件下穩定調酒品質。

本章會探討調酒的基本技術，談論其意義和技巧上的重點。尤其是攪拌法和搖盪法，我會提出一些我個人的驗證和研究主題，並配合實際的實驗結果，探究技術上的關鍵。

① YUKIWA 搖酒器 500ml ② BIRDY 搖酒器 500ml ③ YUKIWA 搖酒器 360ml ④波士頓搖酒器（大 Tin 杯 850ml／小 Tin 杯 530ml） ⑤不銹鋼攪拌杯（BIRDY） ⑥玻璃攪拌杯 ⑦⑧量酒器 ⑨量匙 ⑩吧匙 ⑪搗棒 ⑫攪拌棒（swizzle） ⑬⑭隔冰器（有耳、無耳） ⑮～⑱細目濾網（網目粗細、尺寸各異） ⑲冰塊夾 ⑳㉑刀 ㉒中式剁刀 ㉓磨缽與金屬研磨棒 ㉔陶瓷磨泥器 ㉕microplane 刨刀 ㉖sizzler 開瓶器 ㉗冰鑿 ㉘削皮刀 ㉙烙印模

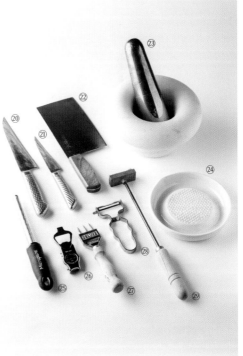

1. 攪拌法（stir）

〔**攪拌法的定義**〕
將冰塊和液體一同加入攪拌杯，使用吧匙將液體混合為一體的技法。適合用來調製以下類型的調酒：

- 不含空氣
- 味道清晰直接
- 希望凸顯酒精的黏性
- 希望酒感強勁，但口感柔順

代表調酒：
適合攪拌法——馬丁尼、曼哈頓、內格羅尼、古典雞尾酒
不適合攪拌法——氣泡類調酒、鮮奶油類調酒、含果肉的水果調酒、含蛋的調酒

〔**攪拌法的步驟**〕
1. 將材料加入品飲杯，預先混合（premix，預調），確認味道與香氣並視情況調整。

2. 將適量冰塊裝入攪拌杯（使用實心硬冰。理想上每次應使用相同大小、相同數量的冰塊）。加水稍微潤洗整體冰塊後，將水倒掉（rinse）；冬天使用常溫水，夏天使用冷藏水。

※ 潤洗冰塊是為了清洗冰塊上附著的灰塵等雜質，同時讓冰塊表面形成「水膜」。冷水接觸冰塊時會瞬間結冰，形成不易融化的一層膜。如果此時冰塊黏在一起，用吧匙輕輕戳開，並攪拌數圈，確保吧匙能順暢轉動。

3. 將預先混合好的材料倒入攪拌杯。倒入時，先繞一圈淋在冰塊上，剩餘的材料再瞄準冰塊間的縫隙倒入。當酒精接觸到液體時，會產生稀釋熱，溫度通常會上升 3℃，使冰塊更容易融化。所以起初繞一圈淋在冰塊上，可以融化冰塊表面，啟動冰塊的融水。

※ 如果將材料倒入攪拌杯時完全避開冰塊，冰塊表面便會維持結凍狀態，換句話說，冰塊融出的水量會非常少，使成品的酒感變得很重。調酒需要藉由冰塊融水達到一定程度的稀釋，至於具體上如何稀釋，每個調酒師的做法不同，上述僅是我個人的做法。有些人認為使用已經融化些許的冰塊較容易調整融水量，也有些人偏好使用硬梆梆的冰塊，透過長時間攪拌充分調和風味。

將預調好的材料淋過冰塊一圈加入攪拌杯（左），剩下的材料再往冰塊間的空隙注入（右）。

4.將所有冰塊想像成「一整塊冰」，起初先以中速攪拌，絕對不能讓冰塊產
生多餘的碰撞。如果這個階段冰塊碰撞過多，會產生摩擦熱，導致冰塊融
化過度。攪拌中途逐漸降低攪拌速度，最後緩緩攪拌數圈。接著拿隔冰器
抵住冰塊，避免冰塊晃動，慢慢將酒液倒入杯中。

※ 後半段放慢攪拌速度，可以讓液體保持一定的黏性──形成一種甘甜、柔順
的口感──雖然迅速攪拌、突然停止同樣能混合液體，但較難控制融水量。

〔備註：酒精的黏性〕
酒精和水不同，具有「黏性」。
其黏度可以藉由融水量調整，進
而改變口感與味道給人的印象。

以下介紹不同酒種的黏度。
- 威士忌（酒精濃度 43%）：3 mPas*
- 清酒（酒精濃度低於 19 ～ 20%）：2.52 mPas
- 葡萄酒（酒精濃度 11%）：1.84 mPas
- 啤酒（酒精濃度 4.5%）：1.67 mPas

＊「mPas」（毫帕秒）是衡量黏度的單位。數字愈大，黏度愈高。順帶一提，20℃ 純水的黏度為 1.002mPas。以上述範例的酒精濃度範圍來說，酒精濃度較高者黏度亦較高，換句話說，口感更為圓潤、滑順。

然而，酒精濃度愈高並不代表黏度必定愈高。目前研究已知，乙醇、甲醇、丙醇在 40%～ 60% 時黏度最高，在這個範圍以外，黏度都會下降。以乙醇水溶液（酒類）來說，酒精濃度 45% 左右會達到黏度的峰值，隨著含水量增加、酒精濃度降低，液體會漸漸失去黏性，變得「像水一樣稀淡」。

而即使酒精濃度相同，黏度也會隨著溫度改變。例如，在攝氏零度（0℃）以下，水分子會凝固，失去流動性，液體黏度增加。換句話說，即使按照酒譜調製，如何控制「冰塊的融水（成品酒精濃度）」和「溫度」，將左右調酒入口時的圓潤度和味道的印象。這就是攪拌法的技術所在。

參考資料：乙醇水溶液的黏度（mPas）

℃	0wt%	10wt%	20wt%	30wt%	40wt%	50wt%	60wt%	70wt%	80wt%	90wt%	100wt%
80	0.355	0.430	0.505	0.567	0.601	0.612	0.604				
75	0.378	0.476	0.559	0.624	0.663	0.672	0.663	0.636	0.600	0.536	0.471
70	0.404	0.514	0.608	0.683	0.727	0.740	0.729	0.695	0.650	0.589	0.504
65	0.434	0.554	0.666	0.752	0.802	0.818	0.806	0.766	0.711	0.641	0.551
60	0.467	0.609	0.736	0.834	0.893	0.913	0.902	0.856	0.789	0.704	0.592
55	0.504	0.663	0.814	0.929	0.998	1.020	0.997	0.943	0.867	0.764	0.644
50	0.547	0.734	0.907	1.050	1.132	1.155	1.127	1.062	0.968	0.848	0.702
45	0.596	0.812	1.015	1.189	1.289	1.294	1.271	1.189	1.081	0.939	0.764
40	0.653	0.907	1.160	1.368	1.482	1.499	1.447	1.344	1.203	1.035	0.834
35	0.719	1.006	1.332	1.580	1.720	1.720	1.660	1.529	1.355	1.147	0.914
30	0.797	1.160	1.553	1.870	2.020	2.020	1.930	1.767	1.531	1.279	1.003
25	0.890	1.323	1.815	2.180	2.350	2.400	2.240	2.037	1.748	1.424	1.096
20	1.002	1.538	2.183	2.710	2.910	2.870	2.670	2.370	2.008	1.610	1.200
15	1.138	1.792	2.618	3.260	3.530	3.440	3.140	2.770	2.309	1.802	1.332
10	1.307	2.179	3.165	4.050	4.390	4.180	3.770	3.268	2.710	2.101	1.466
5	1.519	2.577	4.065	5.290	5.590	5.260	4.630	3.906	3.125	2.309	1.623
0	1.792	3.311	5.319	6.940	7.140	6.580	5.750	4.762	3.690	2.732	1.773
-10		9.310	12.700	12.900	11.200	9.060	6.990	4.970	3.710	2.220	
-20			26.500	25.700	20.700	15.500	11.000	7.620	5.040	2.820	
-30				58.300	42.800	28.600	18.500	11.800	7.210	3.600	
-40					58.300	33.600	19.000	10.500	4.710		
-50											6.440
-60											8.500
-70											11.780

本表格係引用日本一般社團法人酒精協會之〈乙醇物性〉http://www.alcohol.jp/sub4.html より引用。（資料來源：日本機械學會編《技術資料流体の熱物性値集》p.436,474〔1983〕。日本化學會編《化学便覧（改訂 5 版）基礎編》p.II-49〔2012〕。原註：0℃以下的數據摘自日本酒精協會之酒精專賣事業特別會計研究開發調查委託費的〈アルコールの冷媒・蓄冷剤への應用技術に関する研究開発〉 p.19〔2000〕，以及〈物性研究会總結報告書〉p.23〔2001〕的測量結果，並經由 Landolt-Boernstein 製表。純水的數值則摘自《化学便覧》）。

〔攪拌法的重點：檢驗與探討〕

攪拌法的目的是①冷卻、②稀釋、③混合液體（分子結合）。

據說餐飲溫度在人的體溫加減 25 ～ 30℃的時候，品嘗起來會感覺較為美味。假設人的體溫為 36.5℃，那麼冰調酒的美味溫度即為 6.5 ～ 11.5℃，而熱調酒則為 61.5 ～ 66.5℃。那麼，在製作冰調酒時，「材料、工具、攪拌方式」各自的最佳狀況為何呢？下面以馬丁尼為例，比較在攪拌的時候，如果改變材料、溫度和攪拌容器（玻璃材質／不鏽鋼材質）等條件，成品的溫度和冰塊的融水量有怎樣的差異。

【實驗】馬丁尼──材料溫度和器具材質差異，對成品溫度和融水量造成之影響

酒譜：　　琴酒／坦奎瑞 10 號（Tanqueray NO.TEN）　55ml
　　　　　諾利帕不甜香艾酒（Noilly Prat Original Dry Vermouth）　5ml
　　　　　柑橘苦精 1dash
　　　　　（總量 約60ml）

製作條件：實心硬冰（−20℃、約 3.5cm 大、表面平整）×5 顆
　　　　　用礦泉水（常溫）潤洗冰塊 1 次
　　　　　攪拌約 60 次

實驗結果：

	攪拌前的溫度	攪拌後的溫度	攪拌後的總量	冰塊的融水量
①全材料常溫	G：19.2℃ S：18.6℃	1.6℃ 0.5℃	79.7ml 73.6ml	19.7ml 13.6ml
②全材料冷藏	G：6.2℃ b S：6.3℃	−0.3℃ −1.3℃	74.0ml 67.4ml	14ml 7.4ml
③琴酒冷凍 香艾酒冷藏	G：−8.4℃ S：−10.9℃	−2.8℃ −5.3℃	65.8ml 61.9ml	5.8ml 1.9ml

※G ＝玻璃材質攪拌杯，S ＝不鏽鋼材質攪拌杯（品牌為 BIRDY）
※ 假設冷藏溫度設定為 2℃，冷凍溫度設定為－ 25℃，常溫為 19℃

印象筆記：
• ① G　融水量較多，溫度也偏高。可能適合香氣奔放的酒類。
• ① S ／② G　融水量適中，溫度再低一點比較好。
• ② S　溫度舒適但融水量不足。需要增加攪拌次數？
• ③ G　融水量不足。應增加攪拌次數。
• ③ S　溫度偏低，口感厚重。融水量完全不足。

■探討

關於溫度方面的條件，共有①～③ 3 種情況，每種情況也分別使用 2 種材質的攪拌杯。成品溫度最大相差至約 7℃，冰塊的融水量最大也相差約 17ml，差異顯而易見。

我們先觀察冰塊的融水量。日本大多酒吧會將琴酒冷凍保存，並使用冷凍琴酒調製馬丁尼。以上情況屬於③，但使用不鏽鋼攪拌杯調製時，融水量僅 1.9ml，幾乎相當於「純喝琴酒加香艾酒」，缺乏稀釋，味道並不滑順，口感厚重，會先感覺到強勁的酒感。

融水量最多的是①／玻璃攪拌杯的 19.7ml。乍看之下似乎過多，實則香氣鮮明且易飲。其次是①／不鏽鋼攪拌杯和②／玻璃攪拌杯，兩種條件的融水量約為 14ml。我個人認為這個範圍的味道恰到好處。若融水量少於 10ml，酒感就會太強。

接下來關注攪拌後的溫度。成品溫度最高 1.6℃（①／玻璃攪拌杯），最低－5.3℃（③／不鏽鋼攪拌杯），差距達 6.9℃。儘管所有結果都落在「充分冷卻」的溫度範圍，但品飲比較後，大約從－2.8℃（③／玻璃攪拌杯）開始，口感變得很重。溫度愈低，黏性愈強，口感愈重；反之，溫度愈高，香氣愈容易揮發，但口感也容易變得稀淡。考量到口感、冷卻程度的平衡，我認為馬丁尼的適切溫度應落在－ 0.3℃～－ 1.5℃。

■總結——調製理想馬丁尼的條件
• 琴酒、香艾酒均冷藏保存。或琴酒常溫保存，香艾酒冷藏保存。
• 使用約 5 顆（～ 7 顆）保存於－ 20℃以上冷凍庫的冰塊。
• 潤洗冰塊時，若材料為常溫，用冰水潤洗。若材料為冷凍，用常溫水即可。
• 關於攪拌次數，用玻璃杯時約攪拌 60 次，用不鏽鋼杯時約攪拌 100 次。
• 冰塊的融水量應控制在 14ml 左右。
• 溫度應控制在－ 1℃左右。

論器具，使用不鏽鋼攪拌杯的好處是冷卻效率佳，冰塊不易融化，適合在不融水的情況下冷卻液體。若材料為常溫，使用不鏽鋼調製更容易接近上述理想狀況。但在這種情況下，由於融水量較少，因此建議攪拌約 80 ～ 100 次，而不是正常的 60 次。

若使用玻璃攪拌杯，攪拌約 60 次便足夠，不過調酒前應盡量冰鎮攪拌杯。當然，調酒時理想上應使用固定的器具與方法，但也可能碰上條件與平時不同的狀況。這種時候，請參考上述表格。

■參考

以上探討的標準，參考了 Mixology Group 經典調酒總監──伊藤學調製的馬
丁尼（特調版）。我認為他調製的馬丁尼，味道堪稱理想，同時具備「易飲」、
「感受不到酒精的刺激」、「香氣奔放」等特點。我首先測量了他調製的馬丁尼，
並以其各項數值（成品溫度約－1℃，融水量約 13ml）為目標，檢驗如何接
近這一狀態。

參考：伊藤學特調馬丁尼的測量數值

	攪拌前的溫度	攪拌後的溫度	攪拌後的總量	冰塊的融水量
常溫琴酒（自家配方） 冷藏香艾酒（自家配方）冰塊 7 顆、 攪拌約 60 次	G：19.9℃	1.4℃	72.8ml	12.8ml

※ 酒譜：2000 年代的高登琴酒（Gordon'sGin）45ml、1950 年代的高登琴酒 5ml、
　1930 年代的高登柳橙琴酒（Gordon's Orange Gin）2drops、1980 年代版＋現今版諾利帕香艾酒 10ml

2. 搖盪法（shake）

〔搖盪法的定義〕
將液體和冰塊加入搖酒器，透過搖盪混合材料，同時將空氣灌入液體的技法。
這種方法可以徹底混合乳製品、果泥等不容易混合的材料，而將空氣灌入酒感
較強的調酒，可以使口感更加溫潤。

代表調酒：
適合搖盪法──水果調酒、酸酒類調酒（sour）、含蛋的調酒、巧克力類等較
黏稠的調酒、酒精濃度較高的酸酒類調酒
不適合搖盪法──含氣泡材料的調酒

我無意制定一套「搖盪法應該怎麼做」的指南。有一百個人，就有一百種搖盪
的方式。基本的搖盪法，是使用三節式搖酒器，進行兩段式搖盪。使用三節式
搖酒器時，還可以加上手臂的扭轉、柔軟的手腕運動（snap），讓搖酒器中的
冰塊以更複雜的方式移動，從而在液體中充入微氣泡（micro-bubbles）。這
麼一來，不僅能使調酒口感更加柔順，還可以在液面形成泡沫，創造調酒的質
地。

〔注重起泡程度的時候〕
我在製作酸酒類、鮮奶油類調酒時，搖盪前一定會先用奶泡機或手持式均質機
攪拌。尤其是酸酒類調酒，起泡的程度對口感影響甚鉅，因此我一定會事先用
機器攪拌。

電動奶泡機（左）和手持式均質機（右）

有很多方法可以達到充分起泡的效果：

- 搖酒器內先不加冰，直接搖盪材料＝乾搖盪（dry shake ／ air shake）
- 乾搖盪時，可以將隔冰器的彈簧放入搖酒器（增加干擾，促進起泡）
- 用手持式均質機攪拌，取代乾搖盪
- 搖盪後，將液體倒入另一組搖酒器，再次搖盪（reverse dry shake）

我個人認為，用手持式均質機是最簡單的操作方法，而且形成的泡沫也相當漂亮。

【實驗】不同搖盪方法的起泡狀況

我分別用 3 種方法調製酸酒類調酒，比較各自的起泡狀況。

①乾搖盪 →加冰搖盪

②放入彈簧搖盪→加冰搖盪

③用手持式均質機攪拌→加冰搖盪

泡沫的量和細緻度為①＜②＜③。

〔搖盪法的重點：檢驗與探討〕

坊間流傳一種說法：「波士頓搖酒器的融水量比三節式搖酒器多，成品口感較容易稀淡」。事實真是如此嗎？

搖酒器的種類實際上是如何影響調酒成品，冰塊的類型又是否會對結果造成差異？以下是我的驗證：使用器具為兩節式（波士頓）和三節式（BIRDY、YUKIWA）2 種搖酒器，冰塊則為實心硬冰與製冰機的方塊冰 2 種類型。

a 金屬波士頓搖酒器（大 Tin 杯
850ml ／小 Tin 杯 530ml）
b BIRDY 搖酒器（500ml）
c YUKIWA 搖酒器 B（360ml）

【實驗】黛綺莉──冰塊條件和搖酒器類型對於成品溫度和融水量造成的差異

酒譜：　　百加得蘭姆酒白（冷凍）　45ml
　　　　　萊姆汁（冷藏）　15ml
　　　　　糖漿（常溫）　10ml

製作條件：搖盪前的液體溫度為 1.4 ～ 2.0℃（略有誤差）
　　　　　實心硬冰（約 3.5cm 大、表面平整）
　　　　　搖盪約 35 次。

實驗結果：

〔實心硬冰／ 6 顆 220g 〕 ※ 僅③為 5 顆 180g	搖盪後的溫度	搖盪後的總量	冰塊的融水量
①金屬波士頓搖酒器 （850ml ／ 530ml）	−7.8℃	63.4ml	3.4ml
② BIRDY 搖酒器 （500ml）	−6.0℃	70.3ml	10.3ml
③ YUKIWA 搖酒器 B （360ml）	−5.2℃	76.0ml	16ml

〔製冰機冰塊／ 230g 〕 ※ 僅⑥為 151g	搖盪後的溫度	搖盪後的總量	冰塊的融水量	與實心硬冰的 融水量差
④金屬波士頓搖酒器 （850ml ／ 530ml）	−0.8℃	95.3ml	35.3ml	＋31.9ml
⑤ BIRDY 搖酒器 （500ml）	−0.7℃	95.9ml	35.9ml	＋25.6ml
⑥ YUKIWA 搖酒器 B （360ml）	−0.4℃	95.8ml	34.8ml	＋18.8ml

印象筆記：

- ①和②搖盪後，小 Tin 杯內通常會殘留約 5ml 左右的液體。
- 冰塊碎裂最嚴重的是①。其次是④和②。然而，冰塊碎裂並不等於融水較多。

實心硬冰（左）和製冰機的方塊冰
（右）

■結果與探討

首先是實心硬冰的情況。國外調酒師在搖盪時，基本上不會使用實心硬冰，而且一天下來搖盪次數較多，沒有時間裁切冰塊，所以幾乎都是使用製冰機的方塊冰。但是在日本，使用製冰機的方塊冰容易使成品口感稀淡，所以一般會使用實心硬冰，本次的數據也正好印證了這一點。不同冰塊的融水量（冰塊的易融程度），差異顯而易見。

尤其金屬波士頓搖酒器搭配實心硬冰時（①），融水量極少（代表冰塊未融化）。我原本也懷疑是不是哪裡出了錯，然而嘗試幾次的結果都一樣，融水量僅有 3.4ml，溫度也是最低的。YUKIWA 搖酒器 B 搭配的冰塊量雖然最少，融水量卻很多（③），推測是因為這個條件下，手與搖酒器的接觸面積最大，手溫影響較大。因此，使用這款搖酒器時，應盡量避免手掌直接接觸，僅用手指支撐搖酒器。

相反地，使用製冰機的方塊冰時，搖酒器類型對冰塊融水量的影響微乎其微。只不過，融水量本身約為 35ml，代表冰塊融化了不少。此處請關注使用方塊冰與實心硬冰時的差異。使用方塊冰時，整體溫度都落在－ 1℃左右，這與使用實心硬冰時的差異也非常明顯。

嘗起來又如何？①～③的溫度都很冰涼宜人，但①與②的融水量完全不足，酒感偏重。③的融水量依然不夠，可以感受到酒精對喉嚨的刺激。比較④～⑥的味道較好，但溫度再低一點會更好。

■總結 1

我們過去所學習的觀念，是應該要盡可能避免冰塊融化。如今看來，這也未必正確。

• 酒精濃度較高的經典調酒，需要一定程度的融水稀釋。

• 然而，使用製冰機的冰塊容易過度融水（30ml 以上），使成品口感稀淡。

• 而實心硬冰不易融化，容易稀釋不足。這部分可以透過搖酒器的大小和搖盪次數調整。

• 總結來說，YUKIWA 搖酒器 B 適合「搖盪稍微久一些，約 40 ～ 45 次」。至於使用「BIRDY 搖酒器／實心硬冰」的條件下，最好搖得更久一些，建議比 YUKIWA 搖酒器 B 的時間再長個 1.5 倍。

■總結 2

使用製冰機的冰塊搖盪時，融水較多。換句話說，在使用製冰機冰塊的前提下，必須加入足夠的酸味和甜味，否則容易導致成品稀淡。外國調酒師調製黛綺莉時，有時材料總量多達 80ml 或 100ml※，其實這意外地合理，因為材料總量增加，稀釋程度自然下降。

• 若搖盪前的材料總量在 80ml 以上，並且想要製作出「易飲的調酒」，那麼使用製冰機的冰塊能調得更好喝。這種情況下，不同搖酒器的融水量差異幾乎可以忽略不計。

■補充

我還嘗試改變了其他條件：假設我想製作一款「具酸味的調酒，成品溫度約 −6℃」，那麼與其強調甜味，強調酸味喝起來會更清新美味。我將糖漿用量減少至 5ml，酸味更突出，喝起來更美味（這麼一來又回到經典的黛綺莉比例「45、15、1tsp.」，真奇妙）。若使用實心硬冰，搭配金屬波士頓搖酒器將完全無法產生足夠的融水；搭配 BIRDY 搖酒器，融水量也稍嫌不足；搭配 YUKIWA 搖酒器 B 調出來的成果最好喝。

※ 日本酒吧傳統上調製雞尾酒時，材料總量會以 60ml 計算。

3. 拋接法（throwing）

〔拋接法的定義〕

雙手各持一個 Tin 杯，將調配好的液體從一個 Tin 杯注入另一個 Tin 杯，運用高低差替酒液充氣的技法。有一說認為這種技法源自西班牙的調酒師（可能受到雪莉酒舀酒人[※]的影響），但最早使用拋接法製作的調酒，應是 19 世紀傑瑞・湯馬斯創作的藍色火焰（Blue Blazer）。

代表調酒：據說西班牙某些地區的酒吧，幾乎都是用拋接法製作短飲調酒。有些平常使用攪拌法調製的調酒，改用拋接法製作也很有趣，比如曼哈頓、馬丁尼、內格羅尼，另外還有側車（Sidecar）。同樣地，奶類調酒、啤酒菲麗普（Beer flip）和血腥瑪麗（Bloody Mary）等調酒也推薦使用拋接法，可以使質地產生相當大的改變。

[※] 原文 Venenciador。傳統上，西班牙專業的舀酒人會拿一根長長的酒勺從木桶中取出雪莉酒，接著將酒勺高舉，讓雪莉酒落入酒杯。

〔拋接法的目的與重點〕

拋接法的動作，酷似中東、南亞地區的拉茶。實際上，用這種手法調製奶茶，可以讓液體充滿空氣，造就相當柔和的口感。尤其當液體含有較多的糖分，質地較濃稠時，使用拋接法可以調節濃稠感，令口感變得如絲綢一般滑順。

藉由將液體拋（throw）至半空中，讓液體大量接觸空氣，而當液體落入 Tin 杯時，又會起泡，灌入空氣，進而改變口感——拋接法追求的不只是易飲的成品，更是將厚重感化為輕盈、滑順的口感，並塑造新的質地。因此，重要的是掌握起泡和液體落入 Tin 杯後的對流狀況。兩個 Tin 杯之間應盡可能擴大高低差，注入液體時，應瞄準下方 Tin 杯「前側的底部」，以達到有效對流、充分混合與充氣的效果。

4. 直調法（build）

〔直調法的定義〕

將液體直接注入杯中調製的方法。這種方法常用於僅有 2～3 種材料的調酒，或含有氣泡材料的調酒。雖然做法非常單純，但混合材料的順序、吧匙的攪拌方式，都會大大影響成品。日本流傳著一種說法，「如果你頭一次到一間酒吧，點一杯琴通寧就能了解調酒師的手藝」。正因為手法簡單，所以也有許多必須注意的細節。

代表調酒：威士忌蘇打（Highball）、琴通寧（Gin & Tonic）、琴瑞奇（Gin Ricky）、美國佬（Americano）、莫斯科騾子（Moscow Mule）

〔直調法的重點〕

以下說明氣泡類長飲調酒的直調法。
一般常見的 3 個直調法重點如下：
1.注入液體時避開冰塊
2.氣泡材料應藉注入力道製造對流，促進混合
3.輕輕攪拌，避免氣泡散失
……基本上，這些都是「細心」就能做到的事情，算不上技術。那麼，直調法的技術究竟何在？大前提是「能影響口味的液體注入方式、攪拌方式」，並在理解這一點的基礎上，熟悉並選擇能呈現自身理想口味的做法。

■吧匙的使用方法——控制氣泡強度和酸味
大多數人認為琴通寧或威士忌蘇打「應盡可能不要攪拌，保留氣泡感」，但真正重要的是「攪拌的細節」。

氣泡類調酒的味道，深受氣泡強度與酸味的影響。由於碳酸飲料含有弱酸，會賦予調酒碳酸獨特的酸味，同時氣泡又帶來清爽感。直調法的技術就在於控制氣泡強度，視情況削弱、保留氣泡感，調整口感。好比倒啤酒時有無泡注酒法、一度注酒法、二度注酒法……，這些都是藉由改變氣泡強度，控制啤酒口感的技術。直調法中減少氣泡感的方法、攪拌手法，也有異曲同工之妙。

其中的關鍵，在於吧匙的使用方式。同樣是用吧匙攪拌，做法也分成很多種。

1. 用吧匙輕輕轉 1 圈，利用材料自身的對流混合（想盡可能保留氣泡感的做法）
2. 用吧匙戳擊杯底，再將吧匙抽起至杯子上半部→抽起至杯子中段時快速攪拌，製造對流（製作威士忌蘇打時，想要稍微減少酸味，凸顯甜感的做法）
3. 粗魯地上下抽動吧匙，混合液體並促使氣泡散失（降低酸味，凸顯甜感，增加一體感）。
4. 使用吧匙上下拉提冰塊，利用反作用力混合材料（適用於混合比重較重的材料）

碳酸含有微量的尖銳酸味。若藉由吧匙攪拌動作創造充分對流，即可保留氣泡感，同時降低這種酸味。這種做法在調製威士忌蘇打時，可以有效凸顯出威士忌的甜感。充分混合，降低酸味，可以確實烘托威士忌的風味。調製琴通寧時，添加充足的萊姆汁並以較粗魯的方式攪拌，也能壓低酸味。不過動作太粗魯也可能徹底破壞氣泡感，因此直調法的奧妙之處，就在於如何保留恰到好處的氣泡感，同時降低酸味。

■冰塊的組合
冰塊的組合也會影響味道。若使用 1 顆大冰塊，能清楚感受到基酒的味道；若使用多顆小冰塊，則能更感受到更暢快的氣泡感。假設兩杯酒中的冰塊占總體積相同，那麼「大冰塊 × 少顆數」的那一杯，因為對氣泡的干擾較少，所以氣泡的破裂程度也較小（詳見 p.105「琴通寧」）。要使用多少冰塊，什麼狀態的冰塊，以及如何使用吧匙，取決於你想呈現什麼樣的氣泡感。

■總結
製作直調法調酒時，應考量以下 3 點：
①希望呈現什麼的味道？
②冰塊的類型、大小、數量？
③是否保留氣泡？有無添加果汁？

5. 混合法／霜凍調酒（mixing ／ frozen cocktail）

〔混合法調酒的定義〕

1950，食物調理機問世，也催生出霜凍黛綺莉等霜凍調酒。此後，運用調理機調酒的混合法成了調酒技法之一，其做法是將液體與冰一同加入調理機，攪打成質地如雪酪的調酒。現在，大多的霜凍調酒不會做到完全結凍的程度，而是停留在類似果昔的半融化狀態。

混合法的重點如下：
• 液體量、冰的用量和類型、調理機的功率至關重要。
• 使用水果時，果肉會液化，增加整體的稠度。
• 一般會使用碎冰，若使用裁切大冰磚時削下來的刨冰，可以製作出更綿密、毫無碎塊的好口感。

〔食物調理機〕

食物調理機的用途相當多元，霜凍調酒只是其中之一。早期在業界，漢美馳（Hamilton Beach）的吧檯調理機（Bar Blender）相當主流，不過近年來更多人改用手持式均質機。將多汁的蔬果丟入調理機攪碎後直接用於調酒，可以做出原料特色更明顯的調酒。而乳化巧克力時，用手持式均質機的效率更好。

市面上有多款手持式均質機，不過寶迷（Barmix）的產品功率強、頭部小，可以放入波士頓搖酒器的小 Tin 杯，使用上很方便。無線款的功率雖然比有線款低，但不受場地限制，使用起來也很方便。

第 3 章

科學調酒方法——材料、技法、器具

許多人認為，科學調酒是「運用各種新科技製作的調酒」。然而，調酒師的目的，並非是使用先進的機器來製作調酒，而是追求「風味更純粹、更乾淨的調酒」、「充分發揮食材新鮮感的調酒」、「具有嶄新印象或故事的調酒」。這一章，我會基於科學調酒的觀點，解說調酒中使用的材料與技巧，也會配合範例與操作方法，講解科學調酒的基礎技法、擴張調酒可能性的材料（酒類以外的材料）與技術。

1. 杯具

〔**杯具形狀對味道的影響**〕

一杯調酒要使用什麼樣的杯具，端看「形狀」和「目的」。

常聽人說杯子會影響酒的味道，這是真的。就連使用豬口杯（豬口）或吞杯（ぐい呑み）※喝起酒來，味道也有所不同；使用碟型香檳杯或馬丁尼杯的差異也相當明顯。杯子的厚度會改變味道，這一點無庸置疑，而即使厚度相同，杯口的造型也會影響味道。為什麼？

杯口的造型，決定了杯子與唇舌的相對位置，進而影響液體流入口中的「速度」。液體的流速和入口方式，與味道密切相關。

請見右頁照片。左邊的杯子，口徑比杯身窄（勃根地杯型）；右邊的杯子則是從杯身向杯口外展（鬱金香杯型）。實際拿起杯子模擬喝酒的動作，便會發現兩者的杯口與唇舌的相對位置並不一樣。建議各位也測試看看不同杯具與唇舌的相對位置。

- 勃根地杯型就口時，舌尖會抵著下方牙齦內側，使舌頭處在整面都能接住液體的位置，所以液體會沿著舌面慢慢流入口中。這種類型的杯子會凸顯甜味。

- 鬱金香杯型就口時，杯緣會貼合嘴唇曲線，使嘴唇自然壓低，舌頭上提。所以液體會從舌頭下方流向兩側。這種類型的杯子會凸顯酸味、果味和澀感。

- 一般的馬丁尼杯就口時，由於杯緣和舌頭的角度近乎平行，因此液體流速緩慢，甚至會在舌尖稍微停留。液體會被舌尖接住，緩緩進入口中，再流向兩側，因此會感受到甜味，但也更容易感受到苦味。若試圖喝得大口一些，舌頭會稍微上提迴避，使液體流向舌下。若舌頭沒有上提，液體會直接流入喉嚨，飲用者八成會被強烈的酒感嗆到。這種杯子的形狀，相當適合用於慢慢品嘗馬丁尼這種濃烈的調酒。

※ 兩者都是喝清酒時用的小巧杯具，兩者並無明確的定義，但通常豬口杯較吞杯小一些。

①酸酒類雞尾酒杯（酸酒杯）　②馬丁尼杯　③平底杯　④平底杯（威士忌蘇打用）　⑤平底長杯
⑥古典杯（岩石杯）　⑦雙層玻璃杯　⑧愛爾蘭咖啡杯　⑨純飲杯　⑩干邑白蘭地杯　⑪葡萄酒杯
（波爾多型）　⑫葡萄酒杯（勃根地型）　⑬葡萄酒杯（鬱金香型）　⑭笛型香檳杯

- 像碟型杯那樣杯緣有弧度的造型，液體會停在嘴巴前，像是被舌尖吸入口中。舌頭會稍微向上移動，液體經由舌頭中央進入口腔後方，因此最容易感受到甜味。液體會在舌上緩慢流動，然後漫延開來，使人更容易感受到鮮味和甜味。

- 若使用杯身角度較陡的杯子，如笛型香檳杯或直杯身的可林杯，液體會長驅直入口腔，落在舌頭的中央，然後直接流向喉嚨，令人感覺暢快，因此適合氣泡類調酒。

〔如何選擇杯子〕
考慮舌頭的活動、液體入口角度以及後續的流動狀況，就能判斷哪種杯子適合哪杯調酒。簡單來說，可以總結成以下幾點：

①鬱金香杯這種杯口外展的杯型，適合酸味調酒。
②馬丁尼、曼哈頓等酒精濃度較高的調酒，若想凸顯甜感，應選擇杯緣有弧度的雞尾酒杯；若想呈現平衡的風味，則使用馬丁尼杯。
③純飲杯（杯身筆直的古典杯型）、勃根地杯適用於想凸顯甜感的調酒，因為飲用時，舌頭位置會處於正面，液體會從舌尖附近通過舌頭中央。
④平底杯、直立型可林杯、笛型香檳杯適用於大口暢飲類型的調酒，因為液體會根據飲用時的角度，大幅改變入口的分量與速度。

重要的是，別一口咬定「某某類型的調酒應該使用某某類型的杯子」。建議先挑一種杯子試飲某杯酒，接著分別倒入另外兩種杯子品飲比較，最後再決定要用哪種杯型盛裝。例如，用杯身圓弧的杯子盛裝酸味調酒，抑制酸味，加強甜感。也可以使用杯口外展、適合酸味調酒的杯子盛裝甜味調酒，帶出其中些許的酸味。

順帶一提，廣為人知的「舌頭味覺圖」，據說是 1901 年由一位德國醫生提出，如今已被證實錯誤。人的舌頭擁有約一萬顆味蕾，舌頭每個部位都可以感受到五種味道。目前已知每顆味蕾都存在五種味覺細胞，對應五種味道，但尚不清楚是口腔中什麼部位的作用較為活躍等特徵。話雖如此，感官上，舌根確實比較容易感受到苦味，舌側較容易感受到單寧和澀感。當舌尖麻痺時，其他味道也會變得難以辨識。

所以我認為，最好還是先依自己的感覺驗證，再選擇最能表現自己心目中理想味道的杯具。

照片為科學調酒使用的各種特色杯具。可以配合每杯調酒的故事,於呈現方式上發揮創意,選擇設計有趣、天然材質、古董的杯子,甚至用原本不是杯子的容器充當杯子。

2. 冰

日本酒吧所使用的冰是「純冰」。純冰的做法是將原水過濾之後，放入裝設有空氣泵的製冰箱，利用空氣泵的空氣持續攪拌，在－8～－10℃的溫度下花72小時慢慢凍結，形成空氣和雜質含量很少的大型冰塊結晶，即「不易融化的冰」。

若無法取得純冰，可以將自來水煮沸，去除氯和空氣後再凍結，即可做出相對透明的冰塊。理想上，可以於製冰容器中設置空氣泵（前提是冷凍庫和製冰容器的容量夠大）。

〔冰的作用〕
冰的作用主要有 3 個：
①冷卻
②稀釋
③調味

②的「稀釋」，意思是「冰塊融化＝增加調酒的含水量」。我在第 2 章也提過，融水量對調酒的影響非常大（參照 p.22 ～ 28）。

〔削整冰塊表面的意義〕
削整冰塊表面不只是為了美觀，也是考量到冰塊狀態對液體混合速度與品質的影響。舉例來說，打發鮮奶油時，用凹了個大坑的盆子，和表面平滑的盆子，打出來的成果也不一樣吧？使用凹凸不平的冰塊攪拌，發出嘈雜的碰撞聲，就好比使用凹陷的盆子打鮮奶油。盡可能將冰塊表面修整得光滑一些，調酒的口感也會更加乾淨。

〔冰塊大小〕
調酒時，要根據目的選擇不同大小和形狀的冰塊。在體積相同的條件下，如果冰塊的表面積增加，融水量和冷卻程度當然會增加；冰塊的形狀也會影響味道。表面平整的冰塊，「造成干擾的部分」較少，用於氣泡類　調酒可以使氣泡感更強勁，並且更直接地表現風味（有關冰和氣泡的關係，請見 p.104「琴通寧」）。

〔冰的彈性──易碎的冰、不易碎的冰〕
冰的彈性來自水。有彈性的冰不易碎裂，缺乏彈性的冰則易碎。方塊冰的融化速度快，因此較具彈性，比較不容易崩裂。最缺乏彈性、最易碎的是「表面約－

①切半的大冰磚　②岩石冰　③八面體冰　④球冰　⑤實心硬冰（約 3.5cm 大，表面平整）　⑥方塊冰（製冰機的冰塊）　⑦碎冰　⑧刨冰　⑨花朵造型冰　⑩花朵冰　⑪風味冰

20℃、帶霜的冰」，這種冰的表面幾乎沒有水分，一旦搖盪力道稍大，半數以上的冰都會碎裂。使用實心硬冰搖盪時，務必先用水潤洗冰塊，或提前自冰庫取出。表面微濕的狀態最為堅硬。

〔風味冰的潛力〕

風味冰是用椰奶、咖啡等具有某種味道的液體製成的冰。雖然費工，用完後也無法當場補充，但能給予調酒味道上的變化，或維持特定風味。

隨著風味冰融化，調酒的味道也會漸漸改變，不同的風味交錯，每個部分喝起來都有不同的滋味。也可以實驗各種風味冰塊的融化速度與造成的風味變化，並加以應用於調酒。比如黑色俄羅斯搭配椰奶球冰，或琴費斯等調酒搭配番茄水做成的冰塊，讓第一口與後面喝起來的味道不同。假設一杯調酒會放 3 顆冰塊，將其中 1 顆換成風味冰即可，不必全數使用風味冰。

3. 賦予調酒特色的材料

1）鹽

〔調酒上主要使用的鹽〕

- 鹽之花（fleur de sel，法國給宏德地區產的日曬粗鹽）：結晶粗，具鮮味，鹹度不會過高，是我的標準用鹽。
- 藻鹽：鹹度低，鮮味濃郁。我會用於帶胺基酸風味的調酒，勾勒鮮味的輪廓。
- 各種風味鹽：用於點綴調酒或提供次要風味。（例如鮮味鹽、羅望子鹽、松露鹽、佛手柑鹽、黑醋栗鹽、煙燻鹽）。

〔鹽的使用方法〕

調酒上用鹽的做法行之有年，例如大家耳熟能詳的鹹狗（Salty Dog）和瑪格麗特。但用得好、用得巧，可以拓展調酒的可能，或是替整杯調酒的風味畫龍點睛。

①沾在杯口（鹽口杯）

用檸檬果肉潤濕杯口，沾上鹽粒。若希望調酒入口同時感到鹹味，可以採用這項方法。雖然鹽粒粗細應視杯子造型而定，不過整體來說應避免過粗或過細。此外，也要考慮鹽粒的數量。一道菜如果加了太多鹽，會鹹到難以下嚥。調酒也是，沾了太多鹽會毀了整杯調酒。

②將少量鹽巴加入調酒

鹽分可以清晰勾勒出風味輪廓。概念上並不是增添鹹味，而是增加礦物感，或是強化風味的稜角。除此之外，加鹽也能提高冷卻速度。

③撒在表面

可以在特定位置撒上鹽巴，或任鹽巴隨著液面流動。飲用過程突如其來的鹹味，可以成為一種風味上的點綴。

④做成泡沫漂浮在表面

也可以使用奶油發泡器製作鹽水慕斯，擠在調酒表面。比起直接食用鹽粒，慕絲狀的質地使鹹味更加輕柔。此外，還可以將鹽水與卵磷脂混合，用打氣機（空氣泵）製作鹽泡。這種方法做出的泡泡較大，入口即破裂，因此適用於想要賦予調酒極少量鹹味的情況。比起味道，更主張鹽的「香氣」。

如何製作鹽慕斯
混合 6g 鹽、300ml 礦泉水、3.3g 吉利丁，倒入奶油發泡器（p.86），填充氣體（CO_2 或 N_2O），搖動瓶身使氣體與材料充分混合。冷藏約 24 小時，使用前一刻再次上下搖勻。

如何製作鹽泡
將 8g 鹽、300ml 礦泉水、2g 卵磷脂（粉末）加入容器混合均勻，用打氣機灌氣，起泡。使用粉末狀（而非顆粒狀）的卵磷脂更容易溶解。

2）甜味劑

〔調酒上主要使用的甜味劑〕

■砂糖

細白砂糖、和三盆糖、糖粉、粗糖（muscovado sugar，泛指未精煉的蔗糖，包含顆粒狀、糖漿狀）

■糖漿、蜂蜜類

簡易糖漿（水：砂糖＝ 1：1）、黑蜜、楓糖漿、龍舌蘭糖漿、風味糖漿、各種蜂蜜

■風味濃縮糖漿（cordial，用糖漿浸泡花草水果製成的濃縮風味飲）

〔甜味運用要點〕

糖的種類，較具代表性的如蔗糖（砂糖）、葡萄糖、果糖。果糖是最甜的糖，冷卻後甜感很強，但不會膩口。蔗糖在低溫時甜度會減弱，調酒用的糖漿大多屬於蔗糖，不過龍舌蘭糖漿的主要成分是果糖，僅含少量葡萄糖，適合用來表現清爽的甜韻。

添加甜味，會使味道更加飽滿，或說變得圓潤。因此，添加調酒材料時，建議遵守「先酸後甜」的順序，想像「先加酸味，打造銳利的味道，再用甜味包覆起來」。

許多調酒材料都含糖，例如利口酒、糖漿、香艾酒，因此掌控甜份的總量至關

重要。使用折射儀可以了解糖漿、果汁的糖度，如此測量出來，糖度數值一目了然，也可以作為調整調酒甜度時的參考基準。然而，折射儀無法測量酒精或調酒的糖度（因為酒精本身會折射，故無法測得準確數值）。

〔糖漿〕
調酒上，使用糖漿的情況遠多於直接使用砂糖。

■自製糖漿時的注意事項
以體積計量砂糖可能會產生誤差。細白砂糖和水的密度不同，細白砂糖的密度為 0.84g／ml。欲製作糖：水＝1：1 的糖漿，則需在 500ml 的水中加入 420g 的白砂糖。如此一來，使用折射儀測量時，Brix 值（糖度單位）便會是 50（即 1：1）。

■如何選擇糖漿
蜂蜜、楓糖漿、風味糖漿既是甜味劑，也是強烈的風味材料，使用上必須考量到與主要材料合適與否的問題。如果是簡單的調酒，可以將這類甜味劑作為主要風味（例如用香草糖漿調製香草黛綺莉）；如果調酒已經有其他主要風味，則可以從配角的角度來挑選甜味劑。此外，蜂蜜若直接使用稍嫌不便，所以通常會加水稀釋成「蜂蜜糖漿」使用。楓糖漿則可以直接使用。

■風味濃縮糖漿的種類

風味濃縮糖漿（cordial）

cordial 的意思是「對身體有益的東西」，傳統上是指萃取各種草本、香料成分製成的營養糖漿，如今則用於指稱具有草本植物風味的糖漿。用於調酒時，若只有花草風味，味道的感受上會比較模糊，因此通常還會添加檸檬酸，做成「帶酸味的草本糖漿」。

羅望子醬（羅望子膏加熱水稀釋製成）

可以將之當作「有酸味的糖漿」，用於增添調酒的酸甜（羅望子是原產自非洲的豆科植物。果實具甜味，也帶有強勁的酸味，市面上找得到包裝好銷售的羅望子膏）。

將市售飲料煮成自製糖漿

健力士、通寧水等飲料也可以在加熱濃縮後加糖做成糖漿。製作酒味糖漿的時候，為了避免酒香於加熱過程中揮發，可以將基底的糖漿稍微熬得濃一點，最後再添加少量的酒稀釋，這樣既能保留酒香，又不會殘留下太多酒精。另外，製作蘋果風味醋（shrub）的最後加入波本威士忌，或在石榴糖漿中加入少量的高年份卡爾瓦多斯（calvados，法國的蘋果、梨子白蘭地），也可以做出美味的糖漿。

3）香料、調味料

次頁列舉的香料、調味料，可以點綴、增添調酒的風味變化。使用方法主要包含①浸泡在酒或糖漿中增添風味（參照 p.60 起的「浸漬」）、②直接讓香料浮在調酒表面／另外附上……

〔香料類〕

由於香料大多是乾燥的（沒有水分），因此可以長時間浸泡於酒中。

將香料搗碎可以增加萃取效率。建議使用磨缽或其他工具，盡可能搗碎香料，增加表面積。表面積愈大，萃取速度愈快，濃度愈高。但磨成粉則太細，後續得花更多時間過濾。以糖漿或酒浸泡香料時，先用磨缽將香料磨成粗粒的效率較好。另外，某些香料本身的香氣非常強烈，建議在完整顆粒的狀態下浸泡。像八角、孜然、胡椒類，整顆直接浸泡即可。不過，調酒中若含有整顆的香料，喝起來不太方便，因此供應前建議取出。

日本很難得看到新鮮香料，但各位讀者如果有機會到印度、東南亞或中東國家，務必嘗嘗看新鮮狀態的香料。了解自己使用的材料是從什麼樣的味道演變而

來，可以拓展味覺的世界。感受產地的氣候與風土，也是很重要的事情。

若非半乾燥的狀態，香料應保存於密封容器或夾鏈袋，並加入矽膠乾燥劑防潮。

〔其他值得關注的原料〕

■酥油（ghee）
將發酵無鹽奶油加熱濃縮，去除水分和蛋白質後得到的純乳脂（純油脂）。這種食品在印度與南亞地區歷史悠久，具有抗老化、排毒的功效。可以用於奶油洗（p.70）或熱調酒。

■柴魚
製作日式高湯風味調酒時，可以將整塊柴魚削片後撒在調酒表面。調酒時，當場浸泡柴魚片也無法泡出濃烈的香氣，建議事先製作好高湯，再加糖做成糖漿；或事先用浸漬法製作高湯風味烈酒。用烈酒浸泡時，建議使用現削的柴魚片。用糖漿浸泡時，則建議使用高湯粉，可以萃取出較濃的風味。

■啤酒花（hop）
啤酒花（蛇麻）是多年生植物，雌株會結出似花非花、形似松果的毬果，這些毬果就是賦予啤酒苦味的原料。

實際上，啤酒花的用途有二：增加苦味（苦味型啤酒花，bittering hop）、增加香氣（香氣型啤酒花，aroma hop）。啤酒花的品種多采多姿，苦味的強度取決於毬果中的 α 酸（alpha acid），含量愈高，苦味愈重。調酒上較方便使用的品種為卡斯卡特啤酒花（Cascade，α 酸 4 ～ 7%），這種啤酒花具有辛香料、葡萄柚般的柑橘香，經常用來釀造淡艾爾和IPA。西楚啤酒花（Citra，α 酸 11 ～ 13%）則具有百香果、荔枝般的香氣。應根據風味走向選擇啤酒花的種類，浸泡於烈酒中備用。

市面上的啤酒花有「冷凍乾燥」和「顆粒」（pellet）兩種狀態。顆粒是將啤酒花粉碎後壓縮成錠狀的產品，融解快速、便利，也容易取得。由於啤酒花講求新鮮度，因此最好使用密封容器保存以免氧化，並且冷藏或冷凍保存。冷凍乾燥的啤酒花雖然香氣絕佳，但會吸收液體，因此用來浸泡時，步留率[※] 不及顆粒。

※ 步留率：材料處理前後的重量比值（處理後重量／處理前重量 ×100%）。步留率愈高，代表耗損愈少、產能愈高。

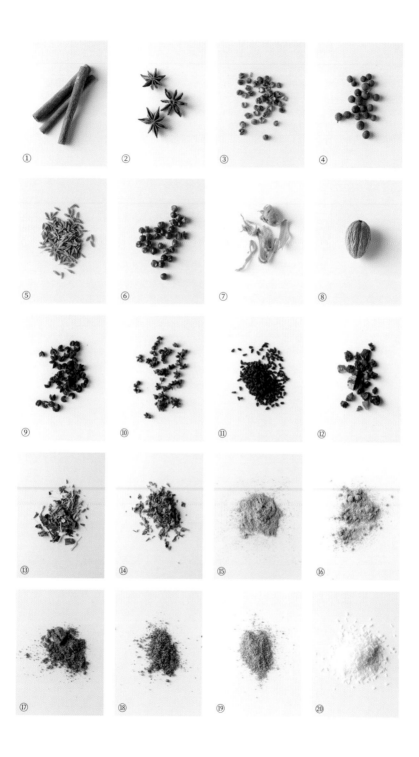

㉑肉桂棒　㉒八角　㉓乾燥青花椒　㉔全香子　㉕孜然　㉖粉紅胡椒　㉗肉豆蔻皮　㉘肉豆蔻　㉙葡萄柚花椒莓（尼泊爾產的花椒，具有柑橘香氣）　⑩ Poivre des Cîmes（一種越南花椒，帶柑橘香）　⑪黑種草籽　⑫沒藥（樹皮）　⑬綜合香草　⑭ sauvage（東歐的野生薄荷）　⑮茴香粉　⑯奧勒岡粉　⑰葛拉姆瑪薩拉香料　⑱辣椒粉　⑲咖哩粉　⑳椰蓉　㉑可可碎粒　㉒爆米花粉　㉓乾燥檸檬香蜂草　㉔柚子粉　㉕椰子粉　㉖高湯粉　㉗檸檬酪　㉘酥油　㉙烤過的嫩洋蔥皮（用100～120℃的烤箱烤略短於1小時的時間）　㉚烤柚子皮（做法同㉙）　㉛羅望子　㉜啤酒花（冷凍乾燥與顆粒）　㉝甘納許（做法請見 P.268）　㉞白麻油　㉟竹炭

■可可碎粒

讓可可豆發酵後，再行烘烤並搗成的碎粒。可以搗成方便的大小，浸泡於酒中或撒在調酒表面。品質差的可可會帶給液體苦澀的雜味，建議向值得信賴的可可廠商或巧克力專賣店購買優質可可豆。

■咖哩粉

包含孜然、葛拉姆瑪薩拉香料、薑黃、辣椒等數十種香料的粉末。調酒的時候可以添加微量的咖哩粉，增添咖哩風味。每杯調酒加 1/3 小匙就夠了，記得攪拌均勻。

4）茶葉

〔茶葉的種類與特徵〕

茶可分為全發酵茶、部分發酵茶和不發酵茶三種。紅茶屬於全發酵茶，中國和台灣的烏龍茶屬於部分發酵茶，而日本的茶大多屬於不發酵茶。以下主要介紹日本茶的特點。

■玉露

每年 4 月初，茶農會開始用黑布罩住茶樹，隔絕日光，防止茶葉中的茶胺酸（一種胺基酸）轉化為兒茶素（澀感來源），確保新芽含有豐富的茶胺酸。玉露那種類似日式高湯的甜潤，就是源自這種茶胺酸。採低溫緩慢萃取的方式，最能體現玉露的美味。

■抹茶

研磨成粉末的碾茶。碾茶的栽種方式與玉露相似，茶樹會被罩住約 20 天，摘下來的茶葉會先蒸菁，但不揉捻，直接乾燥。抹茶的味道接近玉露，但香氣更強，具有礦物感。雖然我個人不太常在調酒中使用碾茶，但我認為用琴酒或伏特加浸漬碾茶也很有趣。

■煎茶

煎茶又分為普通煎茶和深蒸煎茶。我通常會用琴酒浸漬深蒸煎茶備用。

■焙茶

經高溫烘焙的茶葉。焙茶跟咖啡一樣，不同焙度具有不同風味，淺焙茶容易感受到茶葉的鮮味，整體風味清新。深焙茶則有濃郁的焙火香，類似可可的香氣，非常適合搭配深色蘭姆酒、波本威士忌、芒果和覆盆子等紅色水果。

■玄米茶

將炒過的糙米加入煎茶或焙茶調配而成。玄米茶相當百搭，適合搭配金巴利（Campari）、蘇茲（Suze）等苦味利口酒，與金柑、百香果等黃色水果更是相得益彰。

■炒番茶（京番茶）

經過大火焙炒過的大型茶葉，具有煙燻風味，但又與艾雷島威士忌或使用煙燻槍產生的煙燻味不同，而是營火般的香氣。令人驚奇的是，京番茶加入可樂相當美味。

①煎茶　②抹茶　③玉露　④京番茶　⑤梨山烏龍茶　⑥加賀棒茶　⑦茉莉花茶　⑧玄米茶
除了以上範例，我也會使用各種中國茶、台灣茶、紅茶、黑豆茶、瑪黛茶。

4. 創造新風味的技術與概念

「根據自身想像，賦予酒品額外的風味」是科學調酒的技術之一，其中包含許多技巧和方法，例如自製萃取水果或香料香氣的風味烈酒，藉由混合某些材料烘托酒的特色，還有控制酒的陳年風味。

1）浸漬法（Infusion）

這是替酒類增加香氣的方法之一。將某一種或數種材料的香氣轉移至酒中的行為（萃取）稱作浸漬（infuse），吸收材料香氣的成品則稱作浸漬液（infusion）。

〔浸漬的方法〕
浸漬的方法大致分為四種：①單純浸漬法、②真空加熱浸漬法、③揮發吸附法、④攪拌分離法。除了以上方法，還有加壓快速浸漬法；而後面將提到的洗滌法，廣義上來說也可視為一種浸漬法。

①單純浸漬法
將具有香氣的固體材料浸泡於液體（酒）之中，萃取其風味成分的方法。在浸漬的過程中，材料的成分會滲出並轉移至液體裡。浸漬的條件須根據材料性質調整，關鍵在於材料是否含水。如果材料不含水分，則可以常溫浸漬，浸漬液可以常溫保存。若材料含水，其中的水分可能氧化、變質，所以浸漬液必須冷藏或冷凍保存。

浸漬的時間取決於材料性質和液體的酒精濃度。酒精濃度愈高，萃取能力愈強，所需要的時間也愈短。以酒精濃度 25 度與 40 度的液體為例作為比較，25 度的液體則需要多浸漬約 1～2 天。絕大多數的專業蒸餾師，基本上都建議使用酒精濃度 70 度～90 度的高濃度液體來萃取材料風味。

■浸漬時間的參考值與注意事項
• 水果類：2 天～1 週
　例）蘋果、西洋梨、鳳梨、柳橙、金柑、橘子、柚子、柿子、草莓、藍莓、覆盆子、洋蔥、小黃瓜
• 香料類：2 天～2 週
　例）丁香、肉桂、全香子、肉豆蔻、孜然、大茴香（anise）、小荳蔻、甘草、山椒、杜松子、薑、藏紅花

- 香草類：1週～2週
  例）薄荷、迷迭香、百里香、檸檬香茅、苦艾、洋甘菊、玫瑰果、接骨木花、尤加利、馬鬱蘭、茴香（fennel）、龍蒿
- 堅果、種子等：1日～2日
  杏仁、開心果、榛果、夏威夷果、可可豆、爆米花

薄荷和羅勒在常溫下浸漬容易變質，因此建議浸漬時也要放入冷凍庫防止氧化。關於成品（去除材料後）的保存方法，新鮮香草植物和水果類的浸漬液應冷藏或冷凍保存，其他材料的浸漬液基本上常溫保存即可。

②真空加熱萃取法
將材料和液體（酒類）真空包裝之後以固定溫度加熱，萃取材料成分的方法。加熱時必須維持固定溫度，並隔水加熱（使用真空調理專用的舒肥機較為方便）。

這種方法適用於所有香料、培根、竹葉，以及需要高溫萃取的中國茶葉或台灣茶葉，不過只限於「加熱可以加速萃取的材料」。如果是經加熱會變質或溶解的材料（例如山葵、梨子、薄荷、乳酪、巧克力等等），則不適用這種方法。通常單純浸漬法需要花1週才能萃取完成的材料，利用真空加熱則可以縮短至1小時。這個做法最大的優點，是在密閉狀態下加熱，因此無需擔心酒精揮發，而且只要不拆封即可防止氧化。

袋子的真空度設定在90%以下。由於減壓會降低沸點，因此90%的真空度下，液體會於65℃左右開始沸騰。萃取所需的溫度與時間因材料而異，所以建議將真空度設定在85%～90%，先加熱1小時，試一下味道，如果不夠再加1小時……像這樣實際嘗試，找出每種材料適宜的設定。

需要注意的是，應使用容量遠大於液體量的袋子，確保袋內空間充足。此外，真空包裝前必須充分冷卻材料。如果從常溫開始加熱，液體很快就會沸騰，而如果袋子太小，液體便容易在沸騰時溢出袋子。首先應掌握袋子的大小、液體量、真空度（≒沸點）、加熱溫度等變因的平衡點，往後比較容易調整萃取過程。

③揮發吸附法
將液體倒入容器，蓋上濾網或類似的器具，放入材料，再將容器密封起來。這種方法不是直接浸漬材料，而是將材料與液體關在同一個空間，讓兩者揮發的香氣混合，再次液化，使香氣附著於液體，感覺上類似一種「自然蒸餾」。

如果容器有確實密封，可以稍微加熱容器，增加萃取的效率。但是溫度不能夠太高，否則材料會沾上水蒸氣，導致成品混濁。這種方法雖然需要至少 1 天才能讓香氣充分附著於液體，不過適合用於處理香氣特別濃烈的香料，還有浸漬時會滲出油脂、令液體混濁的材料。不過，這種做法得到的香氣比較表層，因此不適合長期保存。

適用材料範例：咖啡豆、乳酪、醃蘿蔔、味噌

④攪拌分離法

將材料與液體攪拌過後，使用離心機（p.82）分離出材料風味精華的方法。透過攪拌破壞材料，可以有效萃取風味，而高速旋轉則能去除固形物，單純保留風味精華。而且液體的步留率非常高，回收量遠多於用濾紙等物品過濾的成果。尤其是果汁含量少的水果和蔬菜，用這種方式的萃取效率非常好，還能保留新鮮感。

適用材料範例：香蕉、草莓、紫甘藍、鳳梨、椰棗、生薑

〔要浸漬什麼〕

當你打算用烈酒浸漬某些材料時，先考慮以下幾點。

①這項材料有沒有浸漬的必要？浸漬會比其他方法的效果更好嗎？
②材料處於什麼狀態，用什麼方式浸漬最好？
③浸漬液是否不會氧化變質？
④調酒時是否需要搭配新鮮食材？
⑤是否有辦法想像浸漬液做成調酒？

如果①～⑤有多項肯定答案，便值得一試。實際浸漬時，最重要的是釐清問題②。

• 水果類材料要使用新鮮的還是乾燥的？某些類型的水果在新鮮的狀態下具有充沛的果汁，但水分多，代表香氣難以釋放，因此應該先乾燥至水分剩下一半後再浸漬，例如無花果、柿子、鳳梨、西洋梨、柳橙等。而像草莓等莓果和香蕉，只要處理得當，新鮮狀態下也可以浸漬出美味無比的風味烈酒。

• 若無法取得新鮮的檸檬馬鞭草、洋甘菊、薰衣草，也可以用乾燥的代替。真空加熱可以充分釋放香氣。

• 杏仁、開心果和榛果，我以前會用食物調理機打碎後再浸漬於烈酒，但現在更常使抹醬。這三種堅果都有烘焙用的抹醬，我會直接加入烈酒，用手持式均質機攪拌過，就這麼泡著。雖然抹醬會沉澱，但使用前充分搖勻即可。用抹醬浸漬，味道會比用整顆堅果來得明顯。

〔浸漬配方範例〕

莓果類（以草莓為例）：單純浸漬法

新鮮草莓（1 盒）去除蒂頭後，浸泡於 1 瓶烈酒。3 天後過濾，冷藏保存。

※ 覆盆子、藍莓、黑莓也可以比照處理。此外，若事先用食物乾燥機（p.80）乾燥草莓，那麼 1 瓶烈酒可以一次浸泡 3 盒分量的草莓。

正在浸漬覆盆子的烈酒

【應用】超級草莓伏特加：單純浸漬法＋攪拌＋離心機分離

新鮮草莓 2 盒

伏特加 1 瓶（750ml）

1. 取 1 盒草莓，去蒂，放入伏特加中浸泡。2 天之後，確認已萃取出風味即可過濾。

2. 取 1 盒草莓，去蒂後放入伏特加，用手持式均質機攪拌。

3. 利用離心機，分離 2 的液體和固體。取出通透液體的部分，裝瓶。

※ 第一次浸泡的草莓可以萃取出成熟的果味，第二次追加的草莓則能帶出新鮮的風味。這種方法也適用於黑莓、覆盆子和藍莓。

1　　　　　　　2　　　　　　　　　　　　　3

薄荷：單純浸漬法（冷凍）
取適量薄荷葉（摘除莖），放入 1 瓶烈酒，冷凍浸泡約 3 天。
※ 薄荷容易氧化，因此必須冷凍萃取、冷凍保存。

伯爵茶、日本茶葉：單純浸漬法
將茶葉（約 10g）放入 1 瓶烈酒，常溫浸泡約 24 小時。隔天，輕輕攪拌沉澱物，確認味道和顏色，滿意即可過濾裝瓶。綠茶浸漬液需冷凍保存，其他茶葉的浸漬液冷藏或常溫保存皆可。增加茶葉量可以加強風味，但也要小心萃取出過多單寧。

黑松露：單純浸漬法
將黑松露薄片（約 20 片，視尺寸和品質而定）放入 1 瓶烈酒，常溫浸泡約 4 天。冷藏保存（因為冷凍會鎖住香氣）。

焦糖爆米花：單純浸漬法
將 50g 焦糖爆米花放入 1 瓶白色蘭姆酒之中，浸泡約 2 小時。過濾後裝瓶，常溫保存。

檸檬香茅：攪拌＋單純浸漬法
將 2 枝冷凍的檸檬香茅（莖的部分）切段，和 1 瓶量的烈酒一起用手持式均質機攪拌。過濾後裝瓶，冷藏或冷凍保存。

山椒粒：真空加熱萃取法
將 2tsp. 山椒粒和 1 瓶量的烈酒一同放入真空包裝袋，抽真空（真空度 90％），以 65℃ 加熱 1 小時。過濾後常溫保存。

各種香料：真空加熱萃取法
乾燥香料的基本條件相同，都可以與烈酒一同放入真空包裝袋，抽真空（真空度 90%），以 70℃加熱 1 小時。過濾後裝瓶，常溫保存。以下是以 1 瓶量的烈酒為準，各種香料的建議用量：

- 零陵香豆　2 粒
- 胡椒類　2 ～ 4tsp.（例如葡萄柚花椒莓、黑胡椒、塔斯馬尼亞胡椒）
- 肉桂　2 條
- 八角　4 顆
- 香草莢　2 條（中間剖開）
- 芥末籽　3tsp.（小火炒至劈啪作響後再浸泡）

※ 將香料搗碎可以加快萃取速度。

威士忌浸漬越南胡椒的例子

檸檬葉：真空加熱萃取法或單純浸漬法
將 4 片檸檬葉與 1 瓶量的烈酒，一同放入真空包裝袋，抽真空（真空度 90%），以 65℃加熱 1 小時。若採用單純浸漬法，則常溫浸漬 2 天。

竹葉：真空加熱萃取法
將 10 片山白竹葉清洗乾淨，與 1 瓶量的烈酒一同放入真空包裝袋，抽真空（真空度 90%），以 65℃加熱 1 個半小時。濾除竹葉，常溫保存。

香蘭葉：真空加熱萃取法
將 3 片冷凍香蘭葉與 1 瓶量的烈酒，一同放入真空包裝袋，抽真空（真空度 90%），以 65℃加熱 1 小時。濾除葉片，常溫保存。

香蕉：單純浸漬法或真空加熱萃取法
將 3 根香蕉切片，用食物乾燥機（p.80）乾燥成脆片，放入 1 瓶烈酒浸漬 3 天。若採用真空加熱，則以真空度 90%、60℃加熱 1 小時。過濾後常溫保存。

【應用】<u>烤香蕉蘭姆酒：烤箱＋攪拌＋分離</u>

香蕉　2 根（含皮）

深色蘭姆酒（薩凱帕或外交官）　1 瓶 750ml

1. 將 2 根未剝皮的香蕉用錫箔紙包起來，放入 120℃的烤箱烤 1 個半小時。連皮一起烘烤的時候，香蕉內部會形成蒸烤的狀態，變得像香蕉醬一樣軟爛。

2. 去皮，將果肉連同滲出的水分倒入容器，與蘭姆酒混合（風味較合適的品牌如薩凱帕 Ron Zacapa、外交官精選珍藏 DiplomaticoReserva。干邑白蘭地或波本威士忌也不錯）。

3. 以手持式均質機攪拌，再用離心機分離。

4. 過濾後裝瓶。冷藏保存。

<u>紫甘藍：攪拌＋離心分離</u>

將 300g 紫甘藍放入食物乾燥機，乾燥 6 小時，然後與 500ml 的烈酒一起用均質機攪拌，再用離心機分離。冷藏保存。

<u>杏仁醬：攪拌＋單純浸漬法</u>

將 200g 杏仁醬（Babbi）和 1 瓶量的烈酒，一起用手持式均質機攪拌後裝瓶。
※ 榛果醬、開心果醬（Babbi）也是相同做法。

2）洗滌法（Washing）

洗滌法是將牛奶或乳酪等材料的香氣和味道成分轉移至液體（就這方面來說，洗滌法也算一種浸漬法），同時「澄清」液體的技巧。具體做法是將想要轉移香氣的乳製品或油脂含量較高的食材，與酒類混合後靜置一段時間，再進行過濾；或是冷卻→凝固→分離，將固形物分離出來。分離過後，液體會變得清澈通透，但確實保留住風味。使用牛奶時，需要加入少量酸質（檸檬汁或檸檬酸溶液）才能使蛋白質凝固。

代表性的洗滌法（材料）有以下4種。每種材料都因其性質而有不同的做法。

- 奶洗（milkwashing）：牛奶（＋酸）
- 奶油洗（butter washing）：奶油
- 酪洗（cheese washing）：乳酪
- 油洗（fat washing）：肉脂（例如培根）

①奶洗

奶洗可可茶蘭姆酒

可可茶蘭姆酒 750ml（百加得蘭姆酒白 750ml、可可碎粒 10g、可可茶 11g
浸漬而成）

牛奶　200ml

檸檬汁　15ml

1.將牛奶倒入一個大罐子，再倒入可可茶蘭姆酒，混合。
2.分次加入檸檬汁，用吧匙輕輕攪拌。牛奶會逐漸分離，開始出現固形物。
繼續加入檸檬汁，像滾雪球一樣慢慢讓凝乳（curd）愈結愈大塊。千萬別
快速攪拌，否則會產生乳化作用。
3.用咖啡濾紙過濾，或用離心機將固形物分離出來，然後裝瓶。

奶洗時，牛奶的混濁部分（白色）會完全消失。去除固形物的同時，也會去除
澀感。此外，洗滌過程，凝乳中的酪蛋白（casein）會凝固並被濾除，但乳清
中的蛋白質則會保留下來，因此搖盪時會形成漂亮的泡沫（與直接搖盪牛奶的
效果相近）。

奶洗上有幾個注意事項：若基底使用波本威士忌和白蘭地等多酚豐富的烈酒，
可能會連帶失去其中的風味。再來，一定要「將酒加入牛奶」，不可顛倒（否
則會很難凝固）。此外，分離時也務必輕輕攪拌。

其實，奶洗並不是新技術。早在 17 世紀就存在用這種方法調製的「牛奶潘趣」
（Milk Punch，傳統材料包含酒精、牛奶與其他風味材料。做法是讓牛奶凝

固，濾除凝乳，留下透明液體，做成顏色透明，但是帶有乳製品風味的調酒
——一想到 200 多年前的技術重新被發掘，並應用於現代調酒，不禁令人深刻
體會到古典中其實藏著新意）。

照片是用可可茶蘭姆酒調製的
2 種「可可黛綺莉」。左邊用
的是奶洗可可茶蘭姆酒，右邊
則是使用未經奶洗的酒。

②奶油洗

煙燻奶油蘭姆酒

蘭姆酒／百加得蘭姆酒（白）Bacardi Rum Superior　700ml

煙燻奶油　100g

1. 將煙燻奶油融化後與蘭姆酒混合。
2. 慢慢攪拌均勻，放入冷凍庫。
3. 冷凍 2 小時之後取出，去除表面凝固的脂肪，用咖啡濾紙過濾液體，然後
　 裝瓶。

奶油洗是賦予液體奶油的香氣後，再藉由冷卻凝固脂肪，加以去除的技巧。單
看去除脂肪的部分，奶油洗也算是一種油洗。建議使用風味濃郁的奶油，可以
更明顯表現出風味，尤其推薦使用焦化奶油和煙燻奶油。

③酪洗

洛克福乳酪伏特加

伏特加／灰雁伏特加 Grey Goose　500ml

洛克福藍紋乳酪　150g

1. 用微波爐將洛克福乳酪融化，然後與伏特加混合。放入冷凍庫。
2. 冷凍 2 小時之後取出，使用咖啡濾紙過濾液體，然後裝瓶。

酪洗僅需將乳酪融化，與酒混合，冷凍，然後過濾即可。除了洛克福乳酪，也
可以使用其他乳酪，如康提乳酪、白黴乳酪和帕瑪森乳酪。乳酪有鹹味，因此

用量請根據個人口味調整。

④油洗

培根伏特加

伏特加／灰雁伏特加 Grey Goose　750ml

培根　300g

1. 培根切片，用平底鍋煎至表面略帶焦色。熄火後放涼，然後將伏特加倒入鍋中，用鍋鏟攪拌均勻。
2. 倒入長方盤，冷藏 2 天，冷凍 1 天。
3. 從冰箱取出，用夾子或其他工具去除表面凝固的脂肪，再用咖啡濾紙過濾出液體，裝瓶。冷藏或冷凍保存。

將培根切片並煎至表面帶些微焦色，浸漬時更容易萃取出香氣。使用有一定鹹味的培根，較容易浸出香氣與味道。

雖然油脂很重要，但過多也不好，要有點紅肉才能確實萃取出培根的風味。一般市售的整塊培根即可泡出相當美味的成品（有時候優質培根的脂肪味道太乾淨，反而泡不出味道）。若使用煙燻培根，則可以增加煙燻味。而義式培根（pancetta）太鹹，不適合用於油洗。

奶油洗（左）、酪洗（中）、培根油洗（右）。三者都是自冷凍庫取出解凍，但尚未過濾的狀態。

3）陳年法（Aging）

陳年即熟成，但這裡指的並不是讓酒熟成，而是將已經混合好的調酒裝入瓶子或木桶，長時間陳放的技法。調酒追求的是混合不同種類的酒，創造新的滋味，而再加上「時間」，還能進一步拓展風味的可能。

①瓶中陳年（瓶陳 Aging）

2012 年，我在倫敦喝到東尼·柯尼格利亞羅（Tony Conigliaro）調製的「6 年瓶陳曼哈頓」。據說他從 2004 年開始進行實驗，那杯曼哈頓完全沒有酒精的刺激感，口感柔順，味道有如老波特酒，美味無比。他的做法是將曼哈頓調好後裝瓶，裝至液面位於瓶口下 2.5cm，然後蓋起來，用絕緣膠帶纏住整個瓶子，確實密封，然後保存於恆溫的保管庫。品嘗時，有種酒精分子在瓶中結合，融為一體的感覺。

瓶中陳年是將調配好的調酒裝入瓶中熟成的技法。這種方法不適用於含果汁或牛奶的調酒，適用於只有酒類材料的調酒。像內格羅尼，還有花花公子（Boulevardier）、老友（Old Pal）等以威士忌或干邑白蘭地為基底的調酒，絕對值得一試。

②木桶陳年（桶陳 Aging）

將調酒裝入桌上型小木桶，熟成一定時間的技法。桶陳可以使調酒口感更柔順，同時增添木桶香，改變調酒的滋味。這種調酒又稱作桶陳調酒。

■裝入小木桶陳放的意義

許多酒廠已經證實，酒液裝在小型木桶中熟成速度較快。一般酒廠是使用 250 公升的木桶陳放威士忌等烈酒，不過美國紐約州的威士忌酒廠 Tuthilltown Spirits 則採用了 2 ～ 9 加侖（約 9 ～ 23 公升）的小桶，增加「酒精與木桶接觸的表面積比率」，加快熟成速度。桶陳調酒的情況也一樣，桶子愈小，熟成速度愈快，容量 5 公升以內的木桶，大約 3 個月就能讓酒液吸收木桶香氣，味道也會變得更加柔和。

我從 6 年前也開始實驗用小桶短期熟成各種烈酒。眾所周知，威士忌在熟成（氧化）的過程，木桶內的醛類、酚類物質或弱酸會與酒精結合，產生「酯化反應」。原酒熟成時間愈長，便會形成愈多中、長鏈酯類物質，增添蜂蜜、花香、堅果風味，令酒體更加柔和。然而，目前尚未證實這種小桶短期熟成是否會促進連鎖的酯化反應。雖然單一烈酒經過桶陳可以吸收木桶香，但至少要熟成 2 年以上，才會開始具備圓熟的味道。

■木桶種類

木桶種類多元，最常見的是「中度炙燒※的美國橡木桶」，日本的木桶主要是從美國或墨西哥進口。法國橡木桶會用來陳放葡萄酒，但幾乎找不到 1 ～ 10 公升的尺寸。不過，歐洲和美國也很常使用法國橡木桶或小型雪利酒桶進行熟成。

小木桶製造商建議，陳放時間以 3 年為限。若超過 3 年，液體可能會揮發殆盡。小木桶的尺寸最小為 1 公升，最大為 20 公升不等。考量到便利性和調酒的周轉狀況，3 公升或 5 公升的容量比較剛好。較多人點的調酒可以裝進 3 公升的木桶；如果需要熟成 1 年以上，可以使用 5 公升的小桶；如果需要熟成 2 年以上，則建議使用 10 公升的小桶。

※美國橡木桶的桶內炙燒程度，可簡單分成輕度（light char）、中度（medium char）、重度（heavy char）。較仔細者則依燃燒時間分成 4 個等級：第一級（15 秒）、第二級（30 秒）、第三級（35 ～ 45 秒）、第四級（55 秒）又稱 Alligator char。以上分類僅供參考，不同酒廠亦有自己的分級。

■木桶使用注意事項

木桶買回來後，首先應倒入熱水，檢查是否會漏水等狀況。木桶送來時大多處於乾燥的狀態，所以頭 2 天可能會一直漏水，但當木頭逐漸吸水膨脹，就不會漏水了。當木桶不再漏水，即可將水倒出，裝入調酒。

日本各地氣候有別，但普遍夏季高溫潮濕（尤其是關東地區），冬季乾燥。威士忌界中有個詞叫「天使稅」（angels' share），用於形容酒液於陳年期間的蒸發量。這個數字第一年約為 5%，之後每年約為 2% ※。若使用小桶熟成，假設 2 公升的木桶裝滿酒液，在東京的常溫下，大約 1 個月就會蒸發將近200ml，相當於 10% 左右。隔月情況大致相同。陳放 6 個月後，累計蒸發量將達到 1200ml，桶內液體將剩不到一半。因此，即便只打算熟成半年以上，也最好將木桶放在恆溫的酒窖，而預計熟成 1 年以上的情況更是不在話下。

由於木桶的風味成分並非無限，使用幾次後，木桶的香氣就會變淡，木頭中的醛、酚、木糖和香草醛等物質也會減少。醛類物質接觸酒液會產生氧化反應，形成丁香酸（syringic acid）、阿魏酸（ferulic acid）和香草酸（vanillic acid）等物質，這些都是美味的來源。隨著木桶使用次數增加，這些效果自然會減弱。雖然木桶製造商表示，小桶連續陳放酒液，最多可以使用 3 年，但根據我的使用經驗，若陳放 3 個月，大約只能使用 4 次（連續使用 1 年）；若陳放 6 個月，大約使用 3 次（1 年半）就是極限了。當然，木桶的使用年限，與木桶本身是不是新桶、木材性質差異有關，不能一概而論，因此我建議第 1 次熟成結束後，保留一定分量的酒，與第 2 次熟成相同期間的酒液比較看看，判斷是否需要延長陳放時間。

製作桶陳調酒時，不建議使用對溫度變化敏感的酒類。如果只添加少量倒還可行，但通常這種材料氧化後，會產生食物放太久的味道。例如，不甜香艾酒、白葡萄酒、索甸貴腐酒都不適合；含糖量較高的冰酒則可以少量使用。果汁、乳製品、果泥、所有水果以及新鮮香草也因為容易氧化、變質而不適合用於製作桶陳調酒。至於香料、堅果和乾燥香草則沒有問題。

※ 此數值是以蘇格蘭的氣候條件為準。

5. 新器材造就的味道、香氣、質地

構思新調酒時，首先要考慮自己能力範圍。不過，我們無法在畫布上塗抹手上沒有的顏色，也無法表現出手中畫筆以外的筆觸。我們需要工具，才能實現做不到的事情、只存在於腦中的味道、想像得出來但現實上還不存在的液體。「無中生有」是科學調酒的基本態度之一，我們總是需要自行創造調酒材料。而在尋找創造的手段時，我也認識、嘗試、運用了各式各樣的設備。以下我會介紹我實際上創作材料時的必要設備。

1）旋轉蒸發儀

一種具備旋轉燒瓶的減壓蒸餾機。減壓蒸餾的原理是在減壓狀態下（沸點下降）加熱液體，促使其蒸發，再讓水蒸氣冷卻、凝結（變回液體）。旋轉蒸發儀的燒瓶（蒸餾瓶）藉由持續旋轉，保持材料均勻並有效控溫。我是使用步琦（Buchi）生產的機器。雖然我也試過其他廠牌的展示機，但最後是依燒瓶容量、水浴鍋（加熱燒瓶的電熱水鍋）尺寸選擇了這一款。

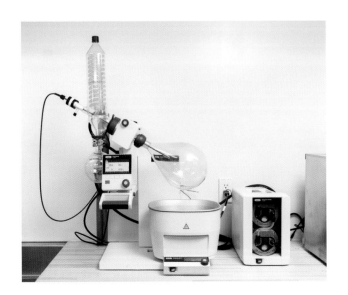

〔我與旋轉蒸發儀的相遇〕
起初，我覺得有了這個設備就無所不能，殊不知試用過之後，這份想像被瞬間瓦解。因為我不會用。無論使用任何設備，都必須了解使用方式，才能充分發揮其潛力。

有些事情，只有蒸發儀才做得到。例如，某些調酒材料與液體混合後會變混濁，加熱後會變質，氧化後會變質，但使用蒸發儀，就能將這些材料的香氣融入烈酒，打破傳統的使用條件，自由運用於調酒。例如，肥肝烈酒、洛克福乳酪伏特加，這些都是以前人無法想像，也不會嘗試製作的東西。旋轉蒸發儀是我過往調酒師生涯中最劃時代的發現，而且蒸發儀的潛力依然有待發掘。若進一步深入研究，相信可以做到更多事情。

〔旋轉蒸發儀的用途〕
①將香氣融入液體
自古以來，人們就懂得利用蒸餾萃取植物的香氣成分。例如將香草塞進蒸餾窯加熱，使其香氣揮發，再回收含有香氣的水蒸氣，冷卻成香氛水。而琴酒和利口酒則是將各種草本原料與酒精一起蒸餾的產物。透過加熱的方式，可以將香草植物等材料的香氣成分萃取至液體之中，蒸餾後再回收成為「帶有香氣的液體」。

利用旋轉蒸發儀蒸餾出「香氣材料＋水」或「香氣材料＋酒」，即可自製風味水或風味烈酒。而且，儀器可以減壓，代表可以降低沸點，即可以低溫蒸餾原料。某些材料的香氣成分若用高溫加熱容易變質或消失，但減壓蒸餾即可將這些成分融入酒或水中。

②濃縮液體
旋轉蒸發儀原本是用於分離與濃縮溶劑的裝置。將混合物蒸發→冷卻、凝結，分離出沸點不同的成分，最終達到濃縮目的。運用這項原理，可以去除某些材料的水分或酒精（而不損及香氣成分、避免變質）。例如，含有一定糖分的水果泥、香艾酒、波特酒去除水分，即可得到濃縮液；或是去除牛奶的水分，得到濃縮牛奶；還可以去除利口酒的水分，或去除利口酒的酒精，好比蒸餾金巴利香甜酒，得到無酒精的金巴利風味濃縮液。

〔基礎操作方法〕
1. 將準備蒸餾的液體裝入右側的燒瓶，設定好水浴鍋的溫度（最高可加熱至95℃）。接著再設定燒瓶的每分鐘轉速（rpm）、減壓程度（mbar）。這些數值需要視材料來調整，不過基本的設定為水浴鍋40℃、轉速150rpm、氣壓30mbar。關於溫度方面，這個型號的基本設定為燒瓶溫度20℃，水浴鍋40℃，冷凝器（冷卻循環水槽）0℃。每項溫度之間相差20℃時，效率最高。

2. 啟動蒸餾時，燒瓶也開始旋轉。確認燒瓶浸泡於水量適中的水浴鍋，得到加溫。當液體開始蒸發，含有香氣成分的揮發性物質變為氣體，這些氣體

接觸到蒸餾器左上部的螺旋狀玻璃（內部有零度以下的不凍液循環），會冷卻變回液體，然後積聚在左下方的收集瓶。

<u>蕎麥茶伏特加</u>
蕎麥茶　50g
伏特加／灰雁伏特加　Gray Goose　700ml
1. 將蕎麥茶和伏特加放入燒瓶。
2. 設定氣壓 30mbar、水浴鍋 45℃、轉速 150 ～ 220rpm、冷卻液－ 5℃，開始蒸餾。
3. 收集量達到 500ml 後取出，添加 150ml 的水，裝瓶。
　（由於蕎麥茶的萃取速度較快，因此我設定的溫度較高、轉速較快，想像利用離心力邊攪拌邊蒸餾。殘留液的風味已揮發，故丟棄）

〔使用注意事項〕
■轉速
轉速愈快，蒸餾速度愈快。若提高轉速，燒瓶內的液體會因為離心力而延展開來，緊貼於燒瓶內側，增加整體的表面積。因為表面積增加，所以提高了蒸餾速度。

■氣壓
當氣壓降低，沸點也會降低。初始數值為 1 大氣壓，約 1013mbar。隨著氣壓降低，液體開始沸騰。沸點、氣壓、（水浴鍋的）溫度的數值息息相關，例如水浴鍋設定為○○℃，氣壓來到○○ mbar 的時候就會開始沸騰。水浴鍋設定為 40℃ 時，大多數的原料會從 130mbar 左右開始沸騰。水浴鍋的溫度愈高，氣壓也會提高；設定為 60℃ 時，原料約莫會於 240mbar 的氣壓下開始沸騰。蒸餾時，必須觀察原料在不同溫度時，會於多少氣壓下開始沸騰，否則某些原料可能會突沸，造成液體回流。

■溫度

燒瓶內的溫度極其重要。相較於傳統式直接加熱的蒸發儀，旋轉蒸發儀最大的
優點是可以低溫蒸餾，在不希望加熱原料的情況下更能夠大顯身手。像羅勒、
松露、乳酪等加熱後會導致香氣變質或改變的東西，也可以在保留原本香氣的
情況下蒸餾。

水浴鍋應設定為最適合蒸餾出液體或固體之香氣的溫度。無論高於或低於這個
溫度，都會改變味道，所以需要格外審慎判斷。

■蒸餾什麼、蒸餾多少、在什麼狀態下蒸餾

蒸餾的原則是「等價交換」。材料經過蒸餾，絕對不會變得比蒸餾前還要好，
只是材料本身的味道和香氣轉移到蒸餾後的液體之中。因此，蒸餾之前務必停
下腳步思考：

「這種材料最好的狀態是什麼？」、「要加熱還是磨碎？要用調理機打勻還是
用搗的？」、「要不要蒸餾？又要怎麼做？」

新鮮的材料，最好要在新鮮的狀態下蒸餾。材料的香氣成分並非無限，「聞得
到香氣」就代表材料的香氣正在揮發、散失。因此，蒸餾時應迅速攪拌、迅速
蒸餾完畢。

起初我也煩惱很久，屢屢失敗，後來才慢慢找到每種材料適切的用量。嘗試的
過程，我發現混合材料與液體時，會有一個飄出香氣的瞬間，而這種情況下，
蒸餾通常會很順利。假如混合後沒有飄出香氣，那麼可能代表揮發成分很少，
蒸餾不出什麼香氣。因此，想要避免失敗，最好的方法是蒸餾之前將材料分次
少量投入液體、攪拌，確認是否散發香氣。確認時不需要將鼻子湊近液體，能
聞到香氣自然飄出是最好的狀況。

〔重複利用殘留液〕

有些蒸餾後剩餘的原料，還是有其他用途。揮發性成分因為較輕，容易被蒸餾
出來；相反地，較重的成分則不會被蒸餾，因而留在材料中。鹽分、糖分就屬
於較重的成分，因此，某些蒸餾後的殘留液依然可以重複利用。

例如，將肥肝殘留液用於製作肥肝冰淇淋，將日式高湯殘留液過濾後加糖，做
成高湯糖漿。

另一方面，也有不少物質蒸餾過後，揮發性成分一點也不剩，例如羅勒、芥末。
可惜這些殘留液幾乎沒有任何味道。

2）食物乾燥機

食物乾燥機的款式有很多種，有些是抽屜式托盤，有些則是像便當盒那樣層層堆疊的模樣，但是基本上功能相同。乾燥機的內部設有加熱線圈，並透過風扇產生熱風，烘乾托盤上的材料。大多機型都可以設定溫度（通常為 40℃～70℃左右）和時間，可以根據材料調整設定。舉例來說，將新鮮薄荷或羅勒烘成脆脆的乾燥香草，需要設定成 40℃；乾燥蔬菜片需要設定成 52℃，將乾燥水果片需要 57℃，製作肉乾則需要設定為 68℃。

食物乾燥機還有一個額外的用法，是代替發酵用的「發酵箱」，可以在冬季時用於釀造薑汁啤酒、蜂蜜酒、水果酒。

〔**主要使用方法**〕

■水果→果乾片（→還可以再磨成粉）

將蘋果、鳳梨、草莓、無花果、柳橙、番茄切成薄片，烘乾，即可做成脆脆的果乾片。假如用烤箱製作，通常需要先在表面撒上糖，或做成蜜餞後再行烘乾，但使用食物乾燥機時，基本上只需將原料直接擺在托盤上即可。製作時，先將材料切成厚度均勻的薄片，擺在鋪了烘焙紙的托盤上，然後放入機器，乾燥約 6～10 小時。糖分、水分較多的材料，或切片較大的材料則需要更多時間。

果乾片可以直接當作調酒的裝飾物，點綴香氣和質地。我也會將黑醋栗、藍莓、覆盆子等水果乾燥後，用磨粉機打成粉末。

黑醋栗粉（左）與羅望子粉（右）。

■液體（＋增稠劑）→乾粉
用食物乾燥機將濃稠液體烘成硬梆梆的片狀，再用磨粉機打成粉。這個方法可以做出醬油粉（用加熱濃縮的醬油）、味噌粉（用稍微稀釋過的味噌）、日式高湯粉（在蒸餾日式高湯伏特加的殘留液中加入增稠劑）。
需要增加稠度的液體，可以添加少量的增稠劑（如玉米糖膠或玉米澱粉）。而糖分較高的液體，乾燥成片狀後可能具有黏性，無法做成漂亮的粉末。容易受潮的味噌和醬油粉末，保存時務必放入矽膠乾燥劑防潮。

■水果果泥→薄膜狀
將果泥抹成薄薄一片、乾燥，即可得到水果薄膜。例如將覆盆子或芒果果泥抹平，設定 57℃乾燥 10 小時，再裁切成喜歡的大小使用。保存時請記得放入矽膠乾燥劑並密封保存，或冷凍保存。

羅望子乾粉
將羅望子膏抹成薄薄的一片，放入乾燥機中設定 57℃乾燥 10 小時。然後用磨粉機打成粉末。

3）離心機

離心機的作用原理是讓液體在高速之中旋轉，利用離心力將比重較重的物質推向外側，使其分離液體和固體，這樣做的用意在於「澄清液體」。相較於使用濾紙等方法，離心機能夠在短時間澄清液體，並且分離出無法用濾紙過濾的微小顆粒，使成品更加清澈。此外，分離出來的固體也不會殘留液體，因此步留率相當優秀。

我使用的桌上型離心機，每分鐘最高轉速可達 6000 轉。尺寸更大的型號甚至能超過 1 萬轉，不過 3500 ～ 5000 轉用來澄清果汁已經綽綽有餘。我這台桌上型離心機，可以設置 4 個 100ml 的塑膠管，將原料裝入塑膠管並設置於轉盤上的孔，一次可以分離 400ml 的液體（轉速在 4000 轉以下的情況）。若轉速超過 4000 轉，則離心力會增強，因此必須改用 50ml 的離心管，而且只能裝 9 成的分量。

〔離心機的用途〕
①澄清果汁
水果去除蒂頭等部分後，切成適當大小，用均質機打成果汁，再放入離心機，即可分離出固形物，得到「透明的果汁」。水分較少的水果也適用。例如，香蕉絕大部分都是果肉，但還是能分離出濃稠糖漿般的少量液體。如果不需要 100% 果汁，可以先加水稀釋後再分離。不過，芒果即使在 6000 轉的情況下也無法分離出乾淨的液體，因此需要添加一些水稀釋後再分離。

離心的時間宜設定為 10 ～ 20 分鐘，並確保對角線位置的離心管重量相等。如

果有一邊比較重，系統會出錯並停止運作。分離後，可以用細目濾網過濾離心管中的液體並裝瓶。

此外，也可以加入一些物質提高澄清效果，例如讓果膠（具有穩定果汁細胞壁的作用）失效的果膠 （Pectinex Ultra SP-L）、促進澱粉分解的澱粉（Amylase AG300L）。

②浸漬後澄清

■浸漬後澄清

用烈酒浸泡材料，萃取其風味成分時（p.60 的浸漬法①單純浸漬法），最後會使用咖啡濾紙過濾材料。如果液體仍不夠清澈，可以使用離心機進一步澄清（請注意，若粒子太小、太輕，即使轉速達 4000 轉也可能無法分離）。

■攪拌後澄清

浸漬法中有一種方法是「將材料與液體攪拌混合後，分離固形物的部分」（p.63 的浸漬法④攪拌分離法）。有些固形物可以使用咖啡濾紙過濾，但用離心機可以保留更多風味成分，外觀也更加清澈。用於水分較少的水果或蔬菜可以提高浸漬效率，並且保留新鮮感。

4）真空包裝機&舒肥機

真空包裝機的用法是將液體或固體裝入真空包裝袋，抽出空氣，加以密封。不僅可以用於保存食品，也是真空調理上不可或缺的工具。

真空調理是一種將真空包裝的食品，在固定溫度下低溫加熱的調理方法。餐飲業界為了定溫且均勻加熱食材，通常會使用方便的蒸烤箱，但在酒吧裡，次頁照片的舒肥機較為方便。我目前是使用 Anova 這個牌子的舒肥機，只要插入裝有熱水的鍋子裡，設定好溫度，就能輕鬆「定溫隔水加熱（水浴）」。這台機器可以維持穩定的水溫，同時通過內部扇葉製造對流，減少食材受熱不均勻的狀況。

※ 舒肥機的價格落差大，但我們不是用來加熱肉類或魚類，不必過度擔心加熱不均勻的問題，只要能夠保持溫度穩定即可，因此不需要用到性能很好的機型。

〔真空包裝機、舒肥機的用途〕
真空調理有許多用途和優點，而我用於調酒時有兩個目的。

①真空浸漬（參照 p.62「真空加熱萃取法」）
將材料和液體放入真空包裝袋，抽真空後連同袋子定溫加熱，將材料的成分萃取至液體。操作時，真空度設定在 85 ～ 90%。於密封狀態下加熱的最大優點，是能避免酒精或香氣成分於萃取過程揮發。

②真空醃漬

在減壓的包裝袋裡，滲透壓會增加，因此將材料與液體一起真空包裝，可以提高醃漬效率。我也會用這個方法處理裝飾用的水果，例如用柑曼怡（Grand Marnier）醃西洋梨，用深色蘭姆酒醃鳳梨。這麼一來，即可做出充分吸收液體，又不失口感的風味裝飾物。

醃漬的材料最好具多孔性（即有很多氣孔）。我喜歡的組合有「甜瓜、蒔蘿和苦艾酒」、「接骨木花利口酒和小黃瓜片」、「琴酒和西瓜、羅勒」。由於這些醃漬物無法長期保存，請用密封容器保存，並於數日內使用完畢。

5) 慢磨機

慢磨機是一種用螺旋軸取代刀片，以緩慢旋轉方式壓榨食材，取得果汁的機器。一般的果汁機刀片每分鐘轉速約為 8000 ～ 15000 轉，慢磨機的螺旋軸則像石臼一樣緩慢，每分鐘僅 30 ～ 45 轉。慢磨取得的果汁，空氣含量較少，因此不容易氧化，不易流失營養，最重要的是也不會破壞酵素，尤其榨番茄汁時相當實用。慢磨機也可用來榨葉菜類。雖然機器體積較大，不太適合一般酒吧，但製作大量調酒時非常好用。

■榨完汁的果渣，可以乾燥後再利用
慢磨機榨出的果汁和果渣有各自的出口，果渣幾乎都是纖維質，但還是會留有味道。將果渣攤開，用食物乾燥機烘乾，即可做成水果片（適用於鳳梨、草莓等纖維較多的水果）。而葡萄和藍莓等水果，做成水果片會嘗到果皮的澀味，所以我會再用磨粉機做成粉末後使用。

6）奶油發泡器

在特定條件下，於液體中添加一氧化二氮氣體（N_2O，或二氧化碳氣體 CO_2）製成的慕斯，質地蓬鬆輕盈，西班牙文稱作「espuma」。而製作這種慕斯的工具，統稱為奶油發泡器／奶油槍（espuma siphon）。這項工具可以用來表現各式各樣的創意，例如當場製作打發鮮奶油，或將湯水做成慕斯狀。

一氧化二氮氣體專用的工具（品名為 ESPUMA ADVANCE），使用時需要連接專用的充氣機。另外還有一種類似的工具，只是用的是二氧化碳氣體（品名為蘇打槍 Soda Siphon、ESPUMA SPARKLING），使用一次性的小氣彈充氣。這原本是用來製作氣泡水的工具，但也可以用同樣的配方做出慕斯，只是會帶有二氧化碳獨特的氣泡刺激感。

裝填小氣彈式的 ESPUMA SPARKLING

①製作慕斯〔使用 N_2O、CO_2〕

這是奶油發泡器的正常使用方式。只要裝入具有一定乳脂含量的液體，再灌入氣體，即可形成慕斯。不過通常還會在液體中添加一些凝固劑，穩定慕斯的狀態，例如吉利丁、蛋白、寒天，還有一種很方便的專業凝固劑，叫作「泡沫化物質組織安定劑（冷用）」（PROESPUMA COLD）

慕斯本身並不是特別新奇的東西，但是我認為它的應用潛力不小。例如，將慕斯擠入液態氮冷凍凝固，就可以製作出口感類似馬卡龍的食品。繼續放著冷凍，再搗碎，還可以做出粉雪般的粉末。

②急速加壓浸漬〔使用 N_2O、CO_2〕

利用氣體壓力，可以將某些材料的風味成分萃取至液體中（浸漬法）。具體步驟如下：

1. 將材料和液體放入瓶中，密封。灌入氣體並充分搖盪。
2. 再次灌入氣體，再次搖盪。此時，瓶內壓力會維持在相當大的狀態。第一次灌氣，是為了讓液體浸透材料，第二次灌氣則是為了將第一次浸出的風味成分擠出，然後再吸收。
3. 保持這個狀態靜置一段時間（約 5 分鐘）。
4. 奶油發泡器的出料嘴朝上，慢慢排出氣體。然後，打開瓶蓋，將內容物倒出裝瓶即可。這樣就能萃取出香氣了。

浸漬法也分成很多種做法（參照 p.60 ～ 68），而急速加壓浸漬的特點在於「萃取風味的表面成分」。材料是各種風味成分的複合體，浸泡液體的溫度、時間和狀態，都會影響萃取的成分，有時候也可能過度萃取。但用急速加壓浸漬的方式，可以萃取出材料本身較為清晰、新鮮的香氣。但也有一些香氣與味道，則必須長時間浸漬或加熱才能萃取出來。換句話說，急速加壓浸漬適用於長時間浸漬下容易產生澀感的材料，還有只想稍微萃取風味的情況，例如墨西哥辣椒（jalapeño）、可可碎粒、藏紅花、山椒、孜然、迷迭香。

我並不常使用這種浸漬方法，不過若製作調酒時想當場增添些許香氣，卻無法透過研磨材料達到目的時，我就會使用這個方法。

③快速醃漬＋添加氣泡感〔使用 CO_2〕

這裡使用的是二氧化碳氣體（CO_2）。

例如，將葡萄和索甸貴腐酒一起放入瓶中，灌入 2 顆小氣彈。完成後，先將器具的出料嘴向上，排出氣體，再取出葡萄。如此就能做出含有索甸貴腐酒、帶氣泡口感的葡萄。小番茄刺孔後也可以這麼處理；但這項方法並不適用於所有食材，條件是食材本身具有液體可以穿透的小孔，同時又具備能防止內部液體流出的表皮。

7）液態氮

將空氣冷卻後生產出來的液態氮，是溫度低於 − 196℃的冷卻劑。

酒類開始結凍的溫度，大致上與其酒精濃度相同。例如，琴酒大約會從 − 40℃開始結凍，而 70 度的伏特加則會在 − 70℃前開始結凍。換句話說，任何調酒使用的液體材料，都可以使用液態氮凍結。

〔使用注意事項〕

液態氮的沸點為 − 196℃。常溫下會立即汽化，冒出白色蒸氣。此時體積會膨脹為原本的 646 ～ 729 倍。液態氮通常會存放在杜瓦瓶（型號為 CEBELL），一種開口裝設真空閥的容器，使用上務必再三小心。

- 使用時，要將液態氮倒入開放式的容器。若倒入密封容器，液態氮汽化時有撐破容器之虞。
- 操作空間必須保持通風。若空間狹小，務必僅使用少量液態氮。
- 稍微接觸液態氮並不至於凍傷，長時間接觸則可能造成凍傷。
- 在處理「與液態氮混合冷卻的液體」時，必須要格外地小心注意，務必要等到調酒中的液態氮完全汽化之後（滾滾泡沫完全消失之後），才能夠端給客人。

〔液態氮的用途〕

①霜凍調酒

基本的用途是將液態氮加入調製好的調酒，冷卻做成霜凍調酒。具體流程如下：

1. 將調酒倒入容器。
2. 加入適量液態氮，充分攪拌。
3. 冷凍至喜歡的狀態後，用吧匙舀出，盛入杯具。

液態氮的最大優點，就是能夠將任何種類的調酒做成霜凍調酒。話雖如此，也並非所有調酒都適合做成霜凍的型態，例如液態氮馬丁尼根本就不適合飲用。而且，在製作霜凍調酒的時候，液態氮也並不是萬能的。好比說在使用新鮮鳳梨的鳳梨可樂達（Piña colada）時，如果使用液態氮調製便會留下纖維，此時，反而使用果汁機、加碎冰一起攪打的半霜凍口感比較好。適合使用液態氮的材料如牛奶、蛋、鮮奶油類產品，可以現場製作義式冰淇淋或冰塊。調製莫西多（Mojito）這類「烈酒＋果汁」的調酒時，不必使用太多液態氮；鮮奶油類調酒則通常需要用上兩倍。無論使用哪種材料，隨著溫度下降，質地便會逐漸從義式冰淇淋轉變為冰塊。必須考量到口感、入口後的融化狀況，調整適當的冷凍程度。

■使用注意事項
液態氮能將所有接觸物體的熱汽化，加以冷卻。若直接倒入調酒，由於液態氮的比重較輕，會浮在調酒表面，使表面溫度迅速下降。假如放著不管，就會形成「上面是冰，下面是液體」的詭異狀態。因此，倒入液態氮後應立即用吧匙攪拌，充分與液體混合，全面冷卻。

如果有專門處理液態氮的盆子（雙層真空構造），操作上會比較方便，但如果是拿 Tin 杯或一般的盆子作為容器，倒入液態氮時，容器也會立即冷卻，液體有可能在形成冰淇淋前凍結於容器內壁。為了防止這種情況發生，添加液態氮後應立刻用吧匙戳下杯壁上結凍的部分，攪拌均勻。若使用 Tin 杯操作，當內容物充分攪拌並形成冰淇淋後，可以拿濕毛巾包住杯身，如此一來濕毛巾會迅速結凍，而 Tin 杯內側凍結的部分則會融化，更容易舀取。

雖然使用液態氮可以急速冷凍飲品，但融化的速度也很快。因此，使用液態氮製作的霜凍調酒，入口後會迅速融化，口感十分滑順。也因為融化速度很快，盛裝時建議選擇具有雙層真空構造之類幾乎不導熱的杯具。

使用液態氮製作的調酒，可以直接冷凍保存，但如果三番兩次取出又冰回冷凍庫，則會變得愈來愈硬。

②冷凍搗碎
液態氮能夠瞬間冷凍各種香草。調酒時，可以將香草冷凍後再搗成粉末。比起直接搗新鮮香草，將冷凍香草粉末加入調酒混合，可以獲得更濃郁的風味和色素。這個方法尤其適合用於羅勒、蒔蘿、薄荷和玫瑰。至於像迷迭香這種葉子較厚且偏硬的材料，應摘除粗枝，只冷卻葉子，然後用磨粉機打成粉末。

新鮮薄荷＋液態氮→用搗棒搗成冷凍粉末

冷凍薄荷粉末 ｜ 莫西多的材料 ｜ 液態氮
→用吧匙混合，做成霜凍莫西多

③霜凍粉末

使用液態氮冷凍材料或液體，然後用搗棒搗碎，即可製成霜凍粉末。若使用離心機澄清的番茄汁（p.268），可以製成白色的番茄粉末，而濃縮咖啡或稀釋過的花生醬也可以做成同樣的粉末。材料若具有黏性或接近固體，冷凍時會整塊凝固，所以建議選擇使用流質的材料。做好的霜凍粉末可以直接冷凍保存。

「液體粉末化」是液態氮的獨門絕活。「融水量與口感」是調酒上的概念，而將材料分開冷凍再組合，或是如何透過溫度調整質地，則仰賴甜點的概念。

8）煙燻槍

煙燻槍有好幾家廠牌，但我從以前就喜歡用 PolyScience 的產品。它構造單純，有一個放木屑的地方，把手上方裝設馬達，內部有風扇。按下開關後，風扇便會轉動送風，就像對著點燃的木屑吹氣一樣，促進木屑燃燒，而產生的煙則會從管子送出。

木屑可以是煙燻木材、威士忌桶的木材，也可以改用茶葉、香草、辛香料、乾燥花。由於煙燻機產生的煙較濃，若材料含較多單寧，可能會燻出澀感。我基本上都是使用威士忌桶木材做成的木屑，因為木桶在陳放威士忌時，已經釋放掉一定程度的單寧，因此產生的煙霧風味沉穩得恰到好處。

煙燻調酒時有 2 種做法：①將煙注入裝了液體的容器，蓋上蓋子，讓液體吸附煙霧（數秒至數分鐘），然後倒入杯子。②將調酒注入杯中後，拿罩子蓋住杯子，從罩子的縫隙灌煙，然後蓋起密閉，讓液體吸附煙霧。

煙燻時須注意以下兩件事情：
• 不要隨意製造煙霧。在吧台上使用時，煙霧可能會飄到客人身上，所以應盡量減少煙霧量，並控制好出煙方向。
• 確實清理器材。木屑所滲出的丹寧和焦油會沾黏在器材上，機器內部的風扇也會因為焦油而卡住，必須妥善清潔才能夠正常運轉。雖然煙燻槍的構造簡單，不容易故障，但是風扇、出煙管和濾網這 3 個地方，還是建議每 2 天要清潔一次。

〔煙燻的效果〕

①**使酒質較刺激的威士忌變得柔順**

煙燻可以改變烈酒的味道，不只是增添煙燻風味，有時也能形成熟成許久似的圓融滋味。用於四玫瑰（Four Roses Yellow Label）、老祖父（Old Grand Dad）等年份 10 年左右，酒質還很刺激的波本威士忌，特別有效。充分煙燻 3 次左右，酒精感便會逐漸消失，口感變得柔和，還帶有適度的煙燻香氣。可以想像成「煙霧中的丹寧等成分，填補了威士忌尖銳質地的空隙，使整體變得更加圓潤」。

相反地，像麥卡倫、百齡罈這種口感已經很柔順的蘇格蘭威士忌，再煙燻只會破壞平衡。感覺就像原本「口感圓潤的威士忌」，吸收了煙霧成分後「多了稜稜角角」。順帶一提，即使同樣是艾雷島威士忌，波摩（Bowmore）、拉弗格（Laphroaig）、卡爾里拉（Caol Ila）經過煙燻，平衡感會被破壞，而齊侯門（Kilchoman）、雅柏（Ardbeg）、拉加維林（Lagavulin）經過煙燻則依然能呈現不錯的平衡。

注意，煙燻的香氣並不會緊緊吸附在酒上，所以煙燻烈酒建議當場燻製、當場供應，或是一次製備數杯的分量，並於數日內供應完畢。

②**平衡調酒的風味**

煙會依附在甜味上，因此特別適合用於較甜的調酒。例如巧克力類、蛋酒類和奶類調酒搭配煙燻效果特別好。本書介紹的調酒「香燻加加內拉」（p.134）也是使用深色蘭姆酒和苦味利口酒的苦甜調酒。酸味調酒則不太適合煙燻，酸度會顯得更尖銳。

煙也有「味道」，其性質包含「酸」和「苦」。從酸甜平衡、苦甜平衡的觀點來思考，就能明白煙燻為什麼適合用於甜味調酒了。

9）氣泡水機

這是將二氧化碳灌入液體的裝置。與蘇打槍（p.86）功能類似，但這個機型的氣瓶有 60 公升，可以連續充氣，用來製作氣泡飲料十分方便；即使氣泡飲料消氣也可以輕鬆補充。

有了氣泡水機，即可隨心所欲製作氣泡飲料，比方說自製可樂、薑汁啤酒、通寧水、風味汽水、氣泡茶……。舉例來說，將二氧化碳打入焙茶，加入蘋果醋，就能做出美味的餐前酒。將二氧化碳打入茉莉花茶，加入接骨木花糖漿 和白葡萄酒，即可做出美味的茉莉花氣泡酒。至於氣泡的強度，則需要親自試喝再判斷。

自製薑汁汽水
取自製蜂蜜薑汁精華（p.266）45ml，加水 100ml，然後填充二氧化碳。

無酒精琴通寧
通寧水　500ml
杜松子　25 顆
芫荽籽　10 顆
乾橙皮　1/2 顆份
乾檸檬皮　1/2 顆份
肉桂　1/3 枝
甘草（如果有）　適量
歐白芷（如果有）　適量

1. 將所有材料（冷藏狀態）裝入真空包裝袋，抽真空（真空度 85%）。
2. 以 60℃ 加熱 1 小時（使用舒肥機），然後放冰箱冷藏一晚。
3. 隔天拆封過濾，倒入氣泡水機的瓶子，打氣。

自製可樂
橙皮絲　2 顆份
萊姆皮　1 顆份
檸檬皮　1 顆份
肉桂粉　1/8 小匙
肉豆蔻（磨成粉）　1 顆份
八角（搗碎）　1 顆
薰衣草的花（乾燥亦可）　1/2 株
現磨薑泥　2 小匙
香草莢　3cm 份
檸檬酸　1/4 小匙
細白砂糖　2 杯
黃糖　1 大匙

1. 製作可樂糖漿。大鍋中加入 2 杯水，還有砂糖以外的材料，蓋上鍋蓋，小火煮約 20 分鐘。加入細白砂糖和黃糖，溶解後試味道，過濾。待稍微冷卻後裝瓶。
2. 用 4 份水兌 1 份可樂糖漿，打氣。

10）增稠劑、凝膠劑、乳化劑

以下介紹一些用於改變和穩定液體狀態的食品添加劑。

■甘油（glycerine）

100%植物性的液體乳化劑，可以促進水分和油脂的乳化作用，降低冰淇淋的冰點，使口感更加滑順。舉例來說，直接用椰奶製作冰淇淋，通常會變得太硬，但添加甘油即可做出柔軟的質地。建議用量為材料總量的0.5～2%。

■氣泡糖（SucroEmul）

100%脂肪酸蔗糖酯（sucrose esters）的粉狀乳化劑，用於製作泡沫（參照p.51的「鹽泡」），讓水溶液（無脂肪）也有辦法起泡，且產生的泡沫相當持久。使用時，加入液體總量的0.5%，且溶液溫度在40℃以下時，用手持式均質機攪拌即可打出美麗的泡沫。若溫度高於40℃則難以發泡。另外，欲製作含酒精的泡沫，酒精濃度不得超過20%。若液體中含油，則比例不得超過1：1。

■泡沫化物質組織安定劑（冷用）

用於製作慕斯（P.86）的粉末狀增稠劑，可以用來取代製作慕斯時常用的吉利丁或蛋白粉，讓通常不容易起泡的材料也能形成漂亮的慕斯。建議用量為液體的2～10%，添加後用手持式均質機攪拌均勻，再倒入奶油發泡器，充氣，充分搖盪。充氣後可以冷藏一小段時間（1～3小時），使氣泡更穩定。

※ 若飲品供應時的溫度為35～70℃，請使用熱用型。熱用型安定劑也適用於溫熱的鮮奶油，可以應用於愛爾蘭咖啡。

■蔬菜用凝膠粉（VEGETABLE GELLING AGENT）

具有出色彈性、高透明度的凝膠劑，可以形成一層薄膜。這款凝膠劑形成凝膠的速度很快，在65℃左右便開始凝固，因此可以輕鬆將調酒晶球化（spherification，液體被凝膠包裹成球的狀態，入口後，凝膠便會破裂，流出調酒）。

晶球化調酒的製作方法
1. 將玉米糖膠（或其他增稠劑）加入調酒，增加稠度（稠度接近果泥較容易製作），倒入一口大的半球型模具後冷凍。
2. 被準備外層膠膜用的凝膠溶液（水＋約水量5～6%的蔬菜用凝膠粉＋砂糖＋依喜好額外添加利口酒）。
3. ——將冷凍的1裹上凝膠溶液（70～75℃）。
4. 常溫靜置，待內部的調酒融化即可供應。

晶球化潔白瑪麗（White Marry）

1. 準備外層膠膜用的凝膠溶液。將水 500g、砂糖 50g、蔬菜用凝膠粉 25g 加入小鍋，常溫攪拌均勻後加熱至沸騰。

2. 取 30ml 的透明番茄水（澄清番茄汁）和適量的玉米糖膠（增稠劑）於常溫下混合。倒入半球型矽膠模具後，放入冰箱冷凍庫或急速冷凍機冷凍。

   ※ 若打算於膠膜部分添加酒類材料，酒精濃度需控制在 15% 以下。酒精濃度過高會無法凝固。此處的做法是另外製作一杯調酒，供應時搭配風味晶球。

3. 將 2. 裹上 1. 的凝膠溶液（70 ～ 75℃）。

   ※ 裹上凝膠溶液時，用裁縫針刺起球體比較方便處理。如果半球體本身缺乏稠度，冷凍後可能會因為太硬而無法刺穿。

4. 稍待片刻，待膜內的液體融化，即可用調羹等工具裝盛。淋上 10ml 的羅勒琴酒，放上 1 片小小的羅勒葉，撒上適量黑胡椒，再滴上 3 滴橄欖油和 3ml 檸檬汁，最後和香檳一起供應。

第 4 章

調酒集錦

調酒酒譜說明

〔材料標示〕

基酒類別

使用品牌

15ml 琴酒／亨利爵士 Hendrick's Gin
15ml 伯爵茶琴酒 ※ p.259
10ml 金巴利 Campari

※ 為自製材料（記載配方的頁數）

・果汁（例如檸檬汁、葡萄柚汁）──使用新鮮水果榨取的果汁。
・鮮奶油──使用乳脂含量 38％的鮮奶油。
・糖漿──使用 Carib 牌的糖漿。
・氣泡水──使用威金森（Wilkinson）的氣泡水。
・檸檬皮──僅留下少許白色內皮，切成適當大小的檸檬皮。
・「噴附檸檬皮油增添香氣」──於調酒上方擰壓檸檬皮，將果皮的精油（香氣成分）噴灑在調酒上。
・「刨上檸檬皮」──用刨絲刀等工具刨下檸檬皮絲，直接加入調酒。

〔單位說明〕

・1tsp. ＝吧匙 1 杯
・1drop ＝ 1 滴
・1dash ＝（苦精）1 抖振。約 1ml。

〔關於攪拌法／基本上步驟如下（即使酒譜中未說明）〕

①攪拌前一刻，將材料加入品飲杯預先混合，這個動作又稱作「預調」。
②將冰塊放入玻璃攪拌杯，潤洗（加水清洗冰塊後，將水倒掉），然後加入預調好的材料。
　・冰塊：「3.5cm 大、表面平整的實心硬冰／5 顆」。
　・潤洗冰塊的水：「材料為常溫時用冰水」、「材料為冷凍時用常溫水」。
　・加入預調好的材料前，檢查冰塊的狀態。冰塊處於表面再次凍結的狀態為佳。
③攪拌時，先用吧匙中速攪拌，然後逐漸放慢速度，將材料混合均勻。
④扣好隔冰器，將液體倒入杯中。

〔關於搖盪法／使用工具標示〕

・「搖酒器」──使用三節式搖酒器。
・「Tin 杯」──使用波士頓搖酒器。基本上使用小 Tin 杯，液體量多時才用大 Tin 杯。

1 | 精緻化經典調酒
Classic plus alpha

經典調酒是所有調酒的基礎，是蘊含一切調酒知識的殿堂，也是讓人一再回歸的起點。若不了解經典調酒的概念，無論想出多少創意調酒，水準也是差強人意。經典調酒最重要的本質，在於最大限度發揮基礎材料的特色，並激發出各種材料單純相加之上的風味。相同的材料與分量，到了不同調酒師手上，因為技術的差異，激發出材料中不同的部分，進而呈現出不同的味道。每杯經典調酒，都藏著調酒師的技術與研究。本節會從基礎出發，寫下我個人認為提高經典調酒品質的竅門和重點。

馬丁尼

Martini

30ml 　琴酒／高登 Gordon's Dry Gin 43%（1990～2000 年代的產品）
20ml 　琴酒／坦奎瑞 10 號 Tanqueray No.TEN
5ml 　　琴酒／季之美
5ml 　　諾利帕不甜香艾酒 Noilly prat dry 〔香艾酒〕
3drops 諾德氏柑橘苦精 Noord's Orange Bitter
──── 檸檬皮

冰：無
杯具：雞尾酒杯
裝飾物：綠橄欖
製作方式：攪拌法

將所有材料加入品飲杯中混合均勻。然後將冰塊裝入攪拌杯，以冰水潤洗。將預先調製好的材料淋過冰塊後倒入攪拌杯，最開始以中速攪拌，然後逐漸放慢攪拌的速度直至完成。最後將酒液倒入杯中，用雞尾酒針刺起橄欖後放入，噴附檸檬皮油增添香氣。

馬丁尼是一杯存在無數獨門酒譜與想法的調酒。世界各地都喝得到馬丁尼，無論喝的人、調的人，都在找尋自己理想中的馬丁尼，這或許就是馬丁尼的獨特之處。
馬丁尼第一個看的是酒譜，第二個看的是攪拌技術。攪拌並不只是為了混合材料，更是調整稀釋程度的技術。透過攪拌，控制冰塊融水的速度和分量，可以使調酒的味道脫胎換骨，變得更加美味、柔和，更重要的是讓味道穩定下來。我從伊藤學身上習得的攪拌法學問，也奠定了這份酒譜的基礎。

我基本上會混合使用兩種琴酒，不過這裡還多加了一種琴酒充當點綴。「主體」是高登，其杜松子風味紮實，酒體也較強壯。「調味」則使用坦奎瑞十號，負責柑橘風味與甜感。最後的季之美則是「點綴」，這款琴酒具備柚子、檜木、茶等多層次的和風風味，即使只加 5ml 也有明顯香氣。我會將這三者視為「一種琴酒」。重要的是主體琴酒的酒體要夠強壯；風味琴酒要能與主體琴酒搭配得宜，而且兩者必須在混合當下就足夠美味；點綴琴酒則是最後一塊拼圖，用以增加「層次感」、「味道的豐富度」和「連綿的尾韻」。如果無法發揮效益，就不必畫蛇添足。點綴用的琴酒，充其量是料理最後提味的那一小匙鹽。

香艾酒應配合琴酒的風味選擇，這份酒譜選用的是諾利帕不甜香艾酒。
其他牌子如琴夏洛（Cinzano）的迷迭香氣味比較濃烈，適合搭配有橄欖、香料風味的琴酒。

柑橘苦精也必須配合其他材料選擇合適的品牌。材料選擇的順序如下：
① 調配美味的琴酒。
② 選擇與 ① 相配的香艾酒。
③ 選擇與步驟 ① ＋ ② 相配的柑橘苦精。

為什麼不用一種琴酒就好？只用一種琴酒也沒有問題，但是，當你思考自己理想的馬丁尼時，有時會發現只用一種琴酒不夠充分。琴酒本來就是由多種草本原料和原酒混合而成的烈酒，既然如此，調酒時混合多款琴酒也不是問題。首先，要想像出自己理想的馬丁尼，然後逆向思考，構建自己的配方。

琴通寧

琴通寧

Gin Tonic

〔基本酒譜〕
40ml　琴酒
1/4 顆　萊姆
80ml　芬味樹通寧水　Fever-Tree

冰：小塊實心硬冰 4 ～ 5 顆
杯子：平底杯
製作方式：直調法

將冰塊填入杯子中，用氣泡水潤洗冰塊。削下萊姆切塊中心的白色部分，這邊要削深一點，以便榨汁。手持萊姆伸入杯子上半部，朝著大約 60 度的角度榨汁，讓果汁四濺。接著倒入琴酒，稍微混合之後倒入通寧水。用吧匙輕輕敲擊杯底 2 次，然後往上抽起。吧匙抽起至杯子中段的時候，順時針旋轉一圈，創造橫向對流，再順勢抽出。

〔工藝琴酒版酒譜〕
40ml　工藝琴酒（風味較強勁或複雜的琴酒）
5ml　萊姆汁
80ml　芬味樹通寧水　Fever-Tree
20ml　氣泡水
──　萊姆皮

冰：表面平整的實心硬冰 3 顆
杯子：平底杯

將冰塊填入杯中，用氣泡水（酒譜分量以外）潤洗。依順倒入琴酒、萊姆汁，稍微混合後，依序倒入通寧水、氣泡水，用吧匙攪拌一圈即可。

工藝琴酒問世後，就此改變了琴通寧。
工藝琴酒大約於 2010 年左右現蹤全球市場，隨後也有許多新類型的通寧水誕生。世人重新審視琴通寧，發展出多采多姿的調製方法。

上方的基本酒譜，是以伊藤學的技術為基礎編製的傳統琴通寧做法。每個人對琴通寧的想法不同，有人認為重點在於「品嘗琴酒」，也有人認為在於「品嘗通寧水」。不過，既然調酒基本上是一種混合（均勻）的飲品，就必須表現出琴酒、萊姆和通寧水三位一體的況味。關鍵是如何藉由攪拌將酒精、氣泡、酸味合而為一。雖然放了 1/4 顆萊

姆，但萊姆中心削去了不少，擠壓時也讓果汁四濺杯內，再透過攪拌稍微削弱氣泡感，讓材料一口氣混合，即可使酸味充分融入液體。奇妙的是，這樣調出來的琴通寧不會感覺到強烈的酸味。琴酒的風味、萊姆的清爽感，以及通寧水的苦甜，可以結合得很好。

然而，若基酒為工藝琴酒或自製風味琴酒，就需要稍微調整酒譜了。之所以這麼說，是因為我過去按照基本酒譜調製山椒琴通寧、山葵琴通寧時，許多喜愛原版琴通寧的客人表示更喜歡原來的版本。於是我發現，基本酒譜的目的是將三項要素合而為一，並不利於凸顯琴酒本身的風味。

工藝琴酒的風味調性相當多元，有柑橘調、花香調、經典杜松調、香料調等等。若想好好品嘗這些風味、希望客人喝到這些風味，基本上必須「減少對琴酒的干擾」。冰塊基本上會使用三顆較大且表面平整的冰塊，或使用一顆完整的大冰塊。與小冰塊相比，大冰塊表面積較小，干擾較少，氣泡破裂狀況較不劇烈，更注重於表現味道而非氣泡的刺激。
萊姆的用量以5ml為準，而且只使用果汁的部分。而通寧水：氣泡水則以8：2的比例混合，這是因為芬味樹的通寧水苦味比較重，加入些許氣泡水會較容易呈現琴酒的風味。按照這個酒譜調製，琴酒本身的風味會更加明顯，比較時也能清楚喝出差異。接下來，只需要根據琴酒種類，調整冰塊、萊姆汁的量，以及使用的杯子，找出最佳的組合即可。

琴通寧還有許多變化，例如使用氣球杯（copa glass）或葡萄酒杯盛裝，為的是讓人感受香氣，或加入香草、香料，增加美觀程度。不同的琴通寧，可能適合當作午後飲品、開胃酒，或是酒酣耳熱之後的最後一杯。午後時分，用大杯子大口暢飲琴通寧的感覺相當痛快；當開胃酒時，基本酒譜的琴通寧非常易飲；而想要當最後一杯或細細品味的話，用工藝琴酒調製可以喝到更豐富的滋味。

琴通寧搭配1顆表面平整大冰塊的樣子（左）、琴通寧搭配數顆小冰塊的樣子（右）。大冰塊（干擾較少）那一杯的氣泡狀況較為安定。

冷凍琴通寧是我自開店以來提供數年的招牌調酒之一。由於做法是事先將材料混合，連同杯子一起放入冷凍庫，所以 1 天頂多供應 10 杯。後來愈來愈忙，也比較無暇準備，只好忍痛將這杯酒從酒單上剃除，但我至今依然認為這杯琴通寧非常美味。我是將這杯酒放在－ 25℃的冷凍庫，因此溫度比普通的琴通寧冰得多。加上萊姆泡在琴酒裡一整晚，滲出的成分與琴酒完美融合。而且通寧水倒入杯子後，雪酪會逐漸融化，味道也會隨之變化。這杯酒是我 12 年前實驗冷凍調酒時的發現。側車也可以用同樣的方式製作；先將材料混合完成後，倒入雞尾酒杯，冷凍一晚，表面會像果凍一樣形成半雪酪態，造就一種口感濃稠的調酒。用這個做法就不必搖盪了（若經過搖盪，調酒低於－ 25℃時會凍成一塊 ）。

冷凍琴通寧
Freezer Gin Tonic

30ml	琴酒（喜歡的品牌）
1/8 顆	萊姆
60ml	芬味樹通寧水　Fever-Tree
20ml	氣泡水
——	萊姆皮

冰：表面平整的實心硬冰 3 顆
杯子：平底杯

將琴酒加入杯中，擠出萊姆汁並投入杯中。接著填入冰塊，攪拌至冰塊能在杯中順暢轉動為止（約 8～ 10 次）。然後整杯放入－ 25℃的冷凍庫一晚。客人點酒時，再從冷凍庫取出，用吧匙將杯底的琴酒與萊姆混合物輕戳成雪酪狀，接著避開冰塊倒入通寧水和氣泡水，輕輕攪拌，讓雪酪狀的琴酒浮上來。最後再擰壓萊姆皮，增添香氣。

蜂蜜薑汁莫斯科騾子

Honey Ginger Moscow Mule

40ml　伏特加／灰雁伏特加　Grey Goose
2tsp.　蜂蜜薑汁精華　※p.266
1/2 顆　萊姆（切成小塊）
120ml　梵提曼薑汁啤酒　Fentimans

冰：實心硬冰
杯子：銅馬克杯
製作方式：直調法

將切成小塊的萊姆放入馬克杯，以搗棒輕搗。加入伏特加和自製薑汁精華，再裝入冰塊，補滿薑汁啤酒，輕輕攪拌即完成。

這杯使用自製薑汁精華調製的莫斯科騾子，從我開店以來始終大受歡迎。2009 年，我開始研究如何讓簡單又經典的調酒呈現新鮮的印象，於是想出了這杯酒的原始酒譜，經過多次調整細節才成了現在的版本。當初，我是將生薑磨成泥，和香料、甜味劑一起煮過後直接加入伏特加。開業 2 個月後，我為了增加這項材料的用途，開發出加了蜂蜜的薑汁精華。2012 年，我開始使用旋轉蒸發儀製作薑味伏特加（伏特加本身也帶有薑的風味），並用於調製這杯酒，不過客人比較喜歡原先的版本，所以後來又回到了這個酒譜。薑味不是愈濃愈好，重要的是確保基酒與酸、辣、甜的平衡。

這份酒譜的關鍵，莫過於自製薑汁精華。有多重要？坦白說，只要加入這項材料，人人都能調出美味的莫斯科騾子。原始的配方很簡單，感覺比較接近「自製薑汁啤酒濃縮液」，後來我為了增加風味深度而加入焦糖化的蜂蜜，又為了創造多層次的清涼感而添加檸檬香茅，調整香料的分量……一再改進風味。
另一項重點是，選用表皮稍微皺縮、看得出縱向皺紋 ※ 的柔軟萊姆，調製時現榨萊姆汁。假如萊姆太硬，便擠不出足夠的果汁。我原本是直接用手擠萊姆，但後來改用搗棒搗，因為太多人點這杯了，一直接觸萊姆的油和酸，很傷雙手的皮膚；而且如果當天的萊姆太硬，一天下來調了 30 杯，我也會失去握力。
只要更換基酒，就能變化出不同的調酒，例如換成波本威士忌、艾雷島威士忌、梅茲卡爾。而無論基酒換成什麼，都可以用這份酒譜調製。

※ 表皮順著瓢瓣（果肉）的位置，稍有凹凸起伏的狀態，代表萊姆已相當成熟。

曼哈頓
Manhattan

30ml　裸麥威士忌／威列特裸麥威士忌　Willett Estate Rye 55°
15ml　威士忌／加拿大會所老酒　Canadian Club （1970 年代產品）
15ml　老曼伽諾甜香艾酒　Mancino Vecchio 〔香艾酒〕
5ml　朴依勉思義式香艾酒　Carpano Punt e Mes （1980 年代產品）〔香艾酒〕
1dash　巴布原味苦精苦精　Bob's Abbotts Bitters

冰：無
杯子：雞尾酒杯
裝飾物：雞尾酒櫻桃
製作方式：攪拌法

將冰塊裝入攪拌杯，加入預調好的材料攪拌。扣上隔冰器，將酒液倒入雞尾酒杯，用雞尾酒針刺起櫻桃後放入。

曼哈頓是全球威士忌調酒愛好者都會點的暢銷調酒之一。其發源眾說紛紜，最有力的說法是 1880 年代，珍妮・潔羅姆（Jennie Jerome，日後成為英國首相邱吉爾的母親）在紐約曼哈頓俱樂部舉辦的派對上創作了這杯調酒。母親喜歡曼哈頓，兒子邱吉爾則喜歡馬丁尼，有種一脈相傳的感覺。當初潔羅姆在俱樂部中調製的酒，是使用等量的裸麥威士忌和香艾酒調製，並添加了柑橘苦精。這可能是從馬丁尼茲（Martinez）衍生的變化，但尚無定論。另外還有許多調整了威士忌與香艾酒的比例，而冠上不同名稱的曼哈頓，如不甜曼哈頓（Dry Manhattan）、甜曼哈頓（Sweet Manhattan）、完美曼哈頓（Perfect Manhattan）。

曼哈頓的魅力，在於如何堆疊、融合威士忌和香艾酒的香氣和味道，延展尾韻。使用威士忌老酒可以增添陳年的繁複滋味，增加味道的深度，調出一杯值得細細品味尾韻的曼哈頓。雖然威士忌老酒價格不菲，不過加拿大會所還算便宜，大量採購備用也不成問題。不過 1980 年代以前的產品有可能已經走味，這種情況下就無法使用了。不是所有老酒都好喝，每一瓶都必須實際打開，才能確認它們是否「還活著」。

雖然每項材料之間適不適合也很重要，不過先進行預調，使香氣融合，酒液本身也事先混合，攪拌時更容易調出和諧的風味。

曼哈頓體驗

Manhattan Experience

30ml　裸麥威士忌／酩帝裸麥威士忌
　　　 Michter's Single Rye
15ml　威士忌／
　　　 加拿大會所雪利桶熟成
　　　 Canadian Club Sherry Cask
20ml　安提卡芙蜜拉經典義式香艾酒
　　　 Carpano Antica Formula
　　　 〔香艾酒〕
7.5ml　覆盆子風味醋
　　　 ※p.265
4drops　比特曼柯察街苦精
　　　 Bittermen's Orchard
　　　 Street Bitters

冰：無
杯子：雞尾酒杯
裝飾物：雞尾酒櫻桃
製作方式：攪拌法

所有材料量好 40 杯的分量，裝入 3 公
升的美國橡木桶，於陰涼處熟成 2 個
月。調製時，取 1 杯的分量，倒入裝
了冰塊的攪拌杯，攪拌。扣上隔冰器，
倒入雞尾酒杯。用雞尾酒針刺起櫻桃
後放入。

這杯酒是「陳年版的曼哈頓」。這個想法誕生於 2013 年，當時日本還沒有太多人會點
曼哈頓，威士忌基底的調酒也不太受歡迎。然而，全球已經悄悄興起波本威士忌調酒風
潮，所以我想用曼哈頓變出一些新花樣。

熟成過的醋，酸度會更溫潤，而且帶有獨特的香氣。於是我好奇，如果將調酒和醋一起
放入木桶熟成，會發生什麼事？我在酒譜中加入自製的覆盆子風味醋，熟成結果非常
成功。熟成 1 個月左右時，仍能感受到酸味，但熟成 2 個月後，酸味變得沉穩內斂，
與香氣融為一體。這是一種全新的曼哈頓體驗，所以我將這杯酒取名為「Manhattan
Experience」。這杯酒很受歡迎，目前我店裡也持續供應。基酒可以更換成任何自己
喜歡的威士忌。

蘭姆酒曼哈頓

Rum Manhattan

30ml　蘭姆酒／夏瑪瑞樂麝香葡萄桶過桶　Chamarel Moscatel Cask Finish

15ml　干邑白蘭地／萊紐莎布朗 XO　Ragnaud Sabourin XO No.25

10ml　公雞托里諾香艾酒　Cocchi Vermouth di Torino〔香艾酒〕

5ml　　朴依勉思義式香艾酒　Carpano Punt e Mes　（1980 年代產品）〔香艾酒〕

5ml　　Palo Cortado 雪莉酒／岡薩雷斯皮亞斯使徒

　　　　Gonzales Byass Apostoles〔雪莉酒〕

1dash 費氏兄弟黑核桃苦精　Fee brothers Walnut Bitters

冰：無

杯子：雞尾酒杯

裝飾物：雞尾酒櫻桃

製作方式：攪拌法

將冰塊裝入攪拌杯，加入預調好的材料攪拌。扣上隔冰器，將酒液倒入雞尾酒杯，用雞尾酒針刺起櫻桃後放入。

改用蘭姆酒為基底的曼哈頓酒譜相當多，不過我到模里西斯（Mauritius）旅行時，買了一款非常美味，過了麝香葡萄桶的蘭姆酒「夏瑪瑞樂」，所以只要買得到，我都會用這支酒調製蘭姆酒曼哈頓。而公雞香艾酒，基底也是麝香葡萄酒，因此兩者非常相配。干邑白蘭地可以增添華麗感，朴依勉思增添一絲苦味，使徒雪莉酒則增加複雜度。構思酒譜時，我將架構拆成：「蘭姆酒與白蘭地」＝基底、「公雞、朴依勉思、使徒雪莉酒」＝調味、「黑核桃苦精」＝串聯整體風味。

只用一種蘭姆酒搭配一種香艾酒，很難做出豐富的風味層次。所以要尋找彼此相輔相成的優秀搭檔，加以結合，才能調出平衡恰到好處、層次繁複的味道。

內格羅尼

Negroni

30ml 琴酒／龐貝 Bombay Dry Gin 冷凍
20ml 金巴利 Campari 冷凍
20ml 安提卡芙蜜拉經典義式香艾酒 Carpano Antica Formula〔香艾酒〕冷藏
── 柳橙皮

冰：岩石冰
杯子：古典杯（杯壁較厚）
製作方式：攪拌法

將所有材料加入品飲杯混合均勻。將冰塊裝入攪拌杯，以常溫水潤洗。將預調好的材料淋過冰塊倒入攪拌杯，起初以中速攪拌，然後逐漸放慢攪拌速度至完成。將酒液倒入古典杯，噴附柳橙皮油增添香氣。

內格羅尼可謂家喻戶曉的經典調酒，在世界各地都很受歡迎，甚至還有專門探討內格羅尼的調酒書。標準酒譜是所有材料分量相同，不過提高琴酒的比例，口感會更厚實，味道也更穩定。喜歡內格羅尼的人，通常酒量都不錯。很多人想喝一杯又強、又苦、又耐喝的東西時，就會點內格羅尼。提高琴酒比例，可以凸顯琴酒風味，且更容易創造多層次的味道，滿足客人的需求。

雖然所有材料處於相近的溫度較容易混合，但這份酒譜中刻意讓部分材料冷凍、部分材料冷藏。內格羅尼需要表現出厚重感，因此材料最好盡可能保持低溫，維持黏性，並充分帶出苦味（溫度升高時，金巴利和香艾酒的甜味會更明顯）。將金巴利冷凍可以抑制其苦甜味中的甜味，增加液體稠度；琴酒也要冷凍。從 − 20℃ 開始攪拌，混合材料並讓溫度緩緩升高，慢慢接近「某個點」；這與從常溫 20℃ 開始，加入冰塊、冷卻，攪拌至某個點的方式相比，論給予冰塊的熱量，論融水量，都存在很大的差異。物理上來說，事先冷卻液體，或使用零度的材料，較容易延長攪拌時間，控制融水量與溫度。

英式內格羅尼
British Negroni

15ml　琴酒／亨利爵士　Hendrick's Gin　冷凍
15ml　伯爵茶琴酒　※p.259、冷凍
30ml　金巴利　Campari　冷凍
30ml　安提卡芙蜜拉經典義式香艾酒　Carpano Antica Formula〔香艾酒〕　冷藏
0.2ml　巴布柑橘苦精　Bob's Orange & Mandarin Bitters
0.2ml　巴布原味苦精　Bob's Abbotts Bitters

冰：岩石冰
杯子：古典杯（杯壁較厚）
製作方式：攪拌法

將所有材料加入品飲杯混合均勻。將冰塊裝入攪拌杯，以常溫水潤洗。將預調好的材料淋過冰塊倒入攪拌杯，起初以中速攪拌，然後逐漸放慢攪拌速度至完成。將酒液倒入裝了冰塊的古典杯，用噴槍炙燒柳橙皮後噴附皮油，增添香氣。

內格羅尼的酒譜變化多端。

這杯內格羅尼，是我 2011 年至香港酒吧「Origin」客座時，為亨利爵士品牌大使艾瑞克·安德森（Erik Andersson）製作的調酒。後來，我店裡許多愛喝內格羅尼的客人喝了也喜歡，所以我也經常調製這杯酒。伯爵茶的香氣與其他材料搭配起來非常適合。不過，如果基酒全部使用伯爵茶琴酒，茶味會太重，所以一半的分量比較剛好。

內格羅尼的改編思維，不外乎將基酒、金巴利、香艾酒分別換成其他材料，或混合使用不同的牌子。

常見的做法，是將基酒換成梅茲卡爾、深色蘭姆酒或波本威士忌（雖然改用波本威士忌便成了另一杯調酒「花花公子 Boulevardier」，但這裡請讀者將之視為廣義上的內格羅尼變化版）。像我則是經常使用自己浸漬的風味烈酒，例如檜木琴酒、玄米茶琴酒、蜂斗菜琴酒、山葵琴酒、山椒琴酒等等。至於具體上如何搭配，我會先將味道分類，例如「金巴利：草根＆苦橙類」、「香艾酒：葡萄酒＆香料類」，再選擇合拍的材料。我會將元素一字排開成「草根＋橙類＋葡萄酒＋香料＋○○○」，評估○○○適不適合整體風味，而伯爵茶這個元素非常契合。若將蜂斗菜視為蔬菜，感覺上似乎不太合適，實則可以和草根類（苦味）的部分產生共鳴。山葵是香料，而玄米茶則適合搭配上述列出的所有材料。

為了創造複雜的苦味，可以適量混合義式苦酒（Amaro）、金巴利、芙內布蘭卡（Fernet Branca），香艾酒的部分也可以用安提卡芙蜜拉作為基酒，加入朴依勉思

的老酒，增添苦味和層次。這時候，重要的是仔細考量風味的強弱平衡，和每項材料的作用。

酸酒類調酒（sour cocktail）

自 1862 年傑瑞・托馬斯於《如何調飲》（How to Mix Drinks）中提及酸甜調酒，這個類型的調酒已經衍生出諸多變化和風格。過去，瑪格麗特和側車也屬於廣義上的酸酒類調酒；現在，酸酒類調酒是指基酒加入柑橘果汁、糖漿、蛋白，以搖盪調製，表面形成一層綿密泡沫的調酒。只要符合以上架構，材料比例並無限制。不過日本常見的酒譜是基酒＋柑橘＋糖漿，不加蛋白。至今也仍有許多人鍾愛威士忌酸酒（Whiskey Sour）、琴酸酒（Gin Sour）、波特酸酒（Porto Sour）等調酒。而「黑胡椒酸酒」（p.120）則是一杯升級版的威士忌酸酒。

酸酒類調酒只有兩個重點（無論有無蛋白）：酸甜的平衡、泡沫層的狀態。我的酸甜平衡基準是檸檬汁 20ml、糖漿 10ml（2：1）。如果希望味道更平易近人，可以調整為 20ml：15ml（2：1.5）。這個比例也要配合基酒調整，例如「香蕉皮斯可酸酒」（p.121）我會希望喝起來甜一些，所以糖漿用量會調整至 15ml。「吉拿再興酸酒」（p.120）只加了 10ml 的糖漿，便能剛好平衡吉拿的苦味和咖啡的風味。

改編酸酒類調酒時，基本上會從以下兩點出發：
①改變基本酒譜的基酒。
　　——風味材料？利口酒？混合不同產品？
②將糖漿換成與①相配的風味糖漿。
　　——香草？花香？香料？
酸酒類調酒通常比較適合「經典稍加點綴」的改編模式，而不是太離奇的搭配。

想要創造細緻的泡沫層，搖盪前可以用手持式均質機充分攪拌，或用其他方法將蛋白打發（例如乾搖盪、攪拌器等，只要能打發蛋白，方法不拘）。搖盪過後，可以以將酒液倒入另一組搖酒器不加冰搖盪，增加起泡程度。這個方法可以搖出非常漂亮的泡沫，但動作必須快一點，否則調酒的溫度會上升。

吉拿再興酸酒

吉拿再興酸酒
Cynar Re:back Sour

40ml 吉拿開胃利口酒 Cynar〔朝鮮薊利口酒〕
5ml 梅茲卡爾／皮耶亞曼純青
Pierde Almas "La Puritita Verda"
20ml 檸檬汁
10ml 冷萃咖啡濃縮糖漿 ※p.265
20ml 蛋白

冰：無
杯子：雞尾酒杯
製作方式：搖盪法

將所有材料加入搖酒器，用手持式均質機將蛋白充分打發。加入冰塊，搖盪。用細目濾網過濾後倒入杯中。

黑胡椒酸酒
Black Pepper Sour

37.5ml 塔斯馬尼亞黑胡椒
波本威士忌 ※p.257
20ml 檸檬汁
10ml 糖漿
—— 黑胡椒

冰：無
杯子：利口酒杯或純飲杯
製作方式：搖盪法

將所有材料加入搖酒器，加入冰塊，搖盪。用細目濾網過濾後倒入杯中，撒上現磨黑胡椒。

香蕉皮斯可酸酒

Banana Pisco Sour

40ml　香蕉皮斯可　※p.258
1/3 根　香蕉
20ml　檸檬汁
15ml　香草糖漿
1 個　蛋白

冰：無
杯子：愛爾蘭咖啡杯
裝飾物：乾香蕉片
製作方式：搖盪法

將所有材料加入搖酒器，用手持式均質機將蛋白充分打發。加入冰塊，搖盪。用細目濾網過濾後倒入杯中。最後以香蕉片裝飾。

多雲柚子酸酒

Cloudy Yuzu Sour

45ml　烘烤柚子琴酒　※p.258
20ml　檸檬汁
15ml　糖漿
5ml　　百香果泥
1 顆　　蛋白
4–5drops　安格仕苦精
　　　　Angostura bitters
──　烤柚子皮　※p.57

冰：無
杯子：酸酒杯
製作方式：搖盪法

將所有材料加入搖酒器，用手持式
均質機將蛋白充分打發。加入冰塊，
搖盪。用細目濾網過濾後倒入杯中。
表面滴上數滴安格仕苦精，削上烤
柚子皮。

2 | 當代簡約＆複雜調酒
Modern simple & complex

簡約性與複雜性同樣重要。所謂簡約，並非指酒譜簡單，
而是指味道直觀、易懂。易懂的味道，舌頭比較不容易
疲勞，不論喝幾杯都會覺得好喝，大眾接受度也很高。
相反地，複雜的味道具有較多層次，風味分成好幾個階
段，故深受行家喜愛，可以滿足那些不甘於普通味道的
客人。

公平貿易者費斯

Fair Traders Fizz

30ml　波本威士忌／歐佛斯特　Old Forester Bourbon
20ml　可可碎粒金巴利　※ p.256
10ml　紅麗葉酒　Lillet rouge〔香艾酒〕
15ml　檸檬汁
8ml　　香草糖漿　※p.262
40ml　氣泡水

冰：實心硬冰
杯子：平底杯
製作方式：搖盪法

將氣泡水以外的材料倒入搖酒器，加入冰塊，搖盪。用細目濾網過濾後倒入裝了冰塊的平底杯，加入氣泡水，輕輕攪拌。

我每天都會碰上不少客人點「口味不要太甜、清爽的長飲型調酒」。這款調酒適合當第一杯喝，也適合當最後一杯，舒緩疲憊的身體和舌頭。這杯酒是以金巴利蘇打（Campari Soda）為基礎，並根據以下順序構思的酒譜：
• 在金巴利蘇打的基礎上添加一些風味→浸漬可可碎粒
• 金巴利蘇打本身酒體較單薄→添加波本威士忌
• 希望同時增添複雜度和華麗感→紅麗葉酒
• 想要稍微減弱酒感→添加柑橘和甜味
我用的越南產可可，具有類似莓果的酸味和風味（有些可可則帶有木質調、草本調風味）。可可在浸漬時會釋放酸味，因此基酒最好選擇調性相反的烈酒（甜味或苦味），以平衡酸味。可可搭配波特酒也很合適。

這杯調酒雖然無法進一步變化太多，但無論使用哪個品牌的波本威士忌，基本上味道都很合。金巴利和紅麗葉則建議不要更動，但金巴利的浸漬材料可以改成焙茶、薑、零陵香豆、肉桂、黑胡椒。在這種情況下，波本威士忌和香草糖漿也應該配合浸漬的材料，選擇合適的產品。

乳酸香檳
Lactic Champagne

10ml 紫羅蘭利口酒／瑪蓮侯芙 Marienhof Veilchen Likör
40ml 奶洗風味液 ※p.267
70ml 香檳

冰：無
杯子：香檳杯
裝飾物：孔雀羽毛
製作方式：攪拌法

將冰塊加入攪拌杯，加入香檳以外的材料，在攪拌之後倒入笛型香檳杯，然後注入香檳。

香檳調酒是非常便於在繁忙週五夜或慶祝場合供應的調酒。這杯酒是由本集團資深調酒師加曾利信吾所設計，酒如其名，是具有優格那種乳酸發酵風味的香檳調酒。香檳的氣泡，會將紫羅蘭和奶洗風味液的香氣往上帶。
香檳調酒的重點，在於用什麼材料表現氣泡帶出的香氣。只需將香氣元素從薰衣草利口酒 更換為玫瑰、茉莉花、黑醋栗或接骨木花利口酒，就可以衍生出各種變化。
這杯酒意外地很適合搭配煙燻風味的料理，例如用煙燻鮭魚製作的前菜，還有新鮮乳酪、淋上巴薩米克醋的沙拉、生火腿甜瓜。

自私自利
Selfish

30ml　裸麥威士忌／坦伯頓　Templeton Rye
20ml　奇楠克雷曼提　China Clementi〔奎寧利口酒〕
10ml　保樂茴香酒 Pernod〔茴香酒〕
5ml　　榅桲利口酒／斐迪南　Ferdinand's Saar Quince
20ml　檸檬汁
1dash　裴喬氏苦精　Peychaud's Bitters
10ml　糖漿
──　　百里香的枝條、肉豆蔻

冰：無
杯子：碟型雞尾酒杯
製作方式：搖盪法

將材料混合之後，加冰搖盪。用細目濾網過濾倒入雞尾酒杯，放上百里香，削上肉豆蔻。

這杯酒是為了某位要求特別多的客人所設計的調酒，對方的要求是「想要喝威士忌基底，強烈、清爽、不甜、喜歡草本風味……但是又容易入口的調酒」。雖然這杯酒有一定的酒感，但口感非常清爽，特別受外國客人的喜愛。

這杯調酒發想自「不加蛋白的威士忌酸酒」。我是從以下的變化版酒譜開始設計：

30ml　基酒
20ml　雪莉酒、香艾酒
10 ～ 20ml　柑橘（視平衡調整）
10 ～ 15ml　糖漿（視平衡調整）

「雪利酒、香艾酒」屬於調酒架構中的「調味」部分（p.272），如果想要表現出更多層次，可以將多種酒類混合成一項調味材料。以這杯調酒來說，調味的材料包含奎寧利口酒（苦味）、保樂茴香酒（茴香香氣）、榅桲利口酒（水果香氣）。每種酒的比例，取決於想要突出哪種風味，或是酒精濃度高低。基本上，我的組合比例是主要風味 2：次要風味 1：點綴風味 0.5。看酒譜便知道，當中利口酒的比例較高，所以糖漿用量只需酸味的一半。酒精材料的總量為 65ml，酒精濃度算高，所以檸檬汁加了 20ml，印象上是用充足的酸味包住酒精。最後再加點裴喬氏苦精，替整體增添輕微的香氣。其用途比較像串聯所有材料，而不是為了增加風味。

複雜的白色內格羅尼
White Complex Negroni

20ml　琴酒／紀凡花果香琴酒　G'vine "Floraison"
10ml　琴酒／亨利爵士　Hendrick's Gin
5ml　　黃夏翠絲 VEP　Chartreuse Jaune〔利口酒〕
5ml　　蘇茲　Suze〔龍膽利口酒〕
10ml　葛蘭經典苦酒　Gran Classico Bitter〔苦味開胃酒〕
10ml　曼伽諾甘味香艾酒　Mancino Bianco〔香艾酒〕
10ml　開普開胃酒　A.A.Badenhorst Caperitif〔香艾酒〕
──　　檸檬皮

冰：岩石冰
杯子：古典杯
製作方式：攪拌法

將所有材料預先混合，倒入裝了冰塊的攪拌杯，攪拌。將酒液倒入裝了冰塊的古典杯，噴附檸檬皮油增添香氣。

內格羅尼變化多端，甚至有專門探討這杯酒的書籍，由此可見這杯酒有多少死忠支持者。喜歡內格羅尼的人，討厭喝到一杯「不夠苦、稀淡、軟趴趴」的內格羅尼。換句話說，調製內格羅尼時，重要的是風味骨架紮實，並且均勻調和各項元素的味道。

白色內格羅尼的基本酒譜是「琴酒 20ml ＋蘇茲 20ml ＋白麗葉酒或不甜香艾酒 20ml」。順帶一提，內格羅尼（無論是標準還是白色）是由三項元素組成：「琴酒＋金巴利（苦酒）＋香艾酒」。而這杯酒是以白色內格羅尼為基礎，每項元素皆混合了多種材料。琴酒部分，我使用含玫瑰和小黃瓜精華的亨利爵士，結合花香味濃郁的紀凡，增強香氣。苦酒的部分，通常是使用蘇茲，這裡則混合了具有龍膽根苦味的利口酒，和帶柑橘味的葛蘭經典苦酒，還加了陳年黃夏翠絲，建構出具有深度的草本風味。不甜香艾酒的部分，我使用了具果香且風味平衡的曼伽諾，並加入等量的開普開胃酒，串聯整體風味。每種材料互相襯托、互相彌補，即可醞釀出單一材料無法表現的味道。當然，用這樣的思維也能做出無限多種變化。

新世界秩序
New World Order

30ml	梅茲卡爾／皮耶亞曼純青
	Pierde Almas "La Puritita Verda"
20ml	金巴利 Campari
10ml	金機奎寧利口酒 Kina L'Aéro d 'Or〔奎寧利口酒〕
20ml	檸檬汁
15ml	杏仁糖漿
20ml	蛋白
3ml	麻油
1/2tsp.	竹炭粉
30ml	氣泡水
——	黑醋栗粉、金箔

冰：無
杯子：碟型雞尾酒杯
製作方式：搖盪法

將氣泡水以外的材料加入搖酒器，用手持式均質機進行攪拌。加入冰塊，搖盪，用細目濾網過濾之後倒入雞尾酒杯。然後加入氣泡水，輕輕攪拌。表面撒上黑醋栗粉和金箔。

這杯調酒的主題是複雜性，入口後豐富的元素會輪番擴散。我起初是想創作一杯麻油的調酒，而我判斷麻油的香氣，適合搭配金巴利的苦味和梅茲卡爾的煙燻味，於是用梅茲卡爾和金巴利來構建「風味核心」，然後加入麻油，再加入酸甜均衡風味，勾勒風味輪廓。我還加了藥草風味的奎寧酒以增添複雜性，並考量到整體材料間的配合，使用杏仁糖漿作為甜味劑。

另外，我加了竹炭，調成漆黑的顏色。這麼做是為了讓人看了外觀也猜不透味道。這杯酒用了世界各地的材料，一片混沌中浮現出嶄新的口味，猶如一套嶄新的秩序，所以我命名為「New World Order」。

麻油很適合搭配金巴利、鳳梨、蘋果、可可、白巧克力、小黃瓜、辣椒、奶油乳酪、蘆筍、番茄、椰子。而不同焙炒程度的麻油，色澤和口味也存在差異，必須視情況挑選合適的種類。一杯調酒的建議用量約莫 1 滴～ 3ml。而麻油畢竟是油，基本上必須用搖酒器或均質機達到乳化作用，以免分層。

香燻加加內拉

Aroma Smoke Garganella

20ml　零陵香豆蘭姆酒　※p.256
20ml　林地苦液〔自製桶陳調酒〕　※p.260
20ml　G4〔自製桶陳調酒〕　※p.260
20ml　安提卡芙蜜拉經典義式香艾酒　Carpano Antica formula〔香艾酒〕
──　煙燻木屑、橙皮

冰：無
杯子：白蘭地杯或古典杯（搭配岩石冰）
製作方式：攪拌法

將所有材料預先混合，倒入裝了冰塊的攪拌杯，攪拌後將酒液倒入醒酒瓶。將橡木屑放入燻煙槍，點燃，將煙霧送入醒酒瓶。輕輕搖晃醒酒瓶，使液體吸附煙燻香氣後倒入杯中。用噴槍炙燒柳橙皮並噴附皮油，增添香氣。

古典雞尾酒、內格羅尼、賽澤瑞克這一類酒感強勁、風味繁複、帶苦味的調酒，始終很受歡迎。這杯調酒最大的特色，是用自製的熟成苦味液打造風味架構。當初我希望發明一款絕對無法當場調製的調酒，最後便設計出這份酒譜。
林地苦液和 G4 本身就是設計成可以直接飲用的桶陳調酒，味道也很不賴。這裡我將兩者混合成一種苦味液，而我希望用具有厚度、帶有某種甜味的基酒來搭配這份苦味，於是選擇了深色蘭姆酒，並浸漬零陵香豆，補強香氣和特色。安提卡芙蜜拉則具有適度延展風味、調和整體的作用。
煙燻不僅可以增添「煙燻香」，還可以「增加酸味」。要注意的是，煙本身帶有些微的酸，如果燻過頭會出現一種鐵味（順帶一提，甜味材料更容易吸附煙燻香）。最後賦予調酒的煙燻香和酸味，可以點綴整體風味，並使苦甜更加和諧。

3 | 季節調酒
Seasonal

世上或許沒有其他國家像日本一樣，一年四季都能採收到如此多采多姿的蔬菜與水果。許多客人也喜歡喝有季節感的水果調酒。使用新鮮蔬果調酒時，必須講究蔬果的品質、時機、管理，並於優質蔬果最佳的狀態下使用。此外，調酒時也要從不同角度思考每種蔬果的特色、與其他材料的搭配。雖然簡單的組合也不錯，不過多花一些心思，尋找意想不到的組合，才能創造出超越季節感，富含驚喜的季節調酒。

青蘋果 & 辣根
Green Apple & Horseradish

30ml　辣根伏特加 ※p.246
15ml　西洋梨風味伏特加／灰雁西洋梨伏特加 Grey Goose La Poire
1/2 顆　青蘋果
15ml　檸檬汁
10ml　檸檬馬鞭草 & 蒔蘿濃縮糖漿 ※p.264
5ml　　酸葡萄汁風味糖漿 Coco Farm & Winery "Verjus"

冰：實心硬冰
杯子：平底杯之類的杯子
製作方式：搖盪法

用慢磨機搾取青蘋果的果汁，與其他材料一起加入搖酒器，加冰搖盪。用細目濾網
過濾後倒入杯中。放上蒔蘿和粉紅胡椒裝飾。

辣根和青蘋果相當合拍。我曾嘗試用鮮奶油或椰子揉合兩者風味，但都不太適合，最
後就保持了簡單的基本架構。之所以添加梨子伏特加，是因為它搭配辣根、青蘋果都
很適合，可以串聯兩者的風味。不過到這裡，味道還是偏單一，不夠立體。想要讓風
味更立體，還必須平衡尾韻的部分，於是我加入以檸檬馬鞭草和蒔蘿做成的濃縮糖漿，
穿插於辣根和清新的蘋果味之間，並添加酸葡萄汁風味糖漿，點綴甜味和酸味。

山葵＆白桃
Wasabi & Peach

35ml　山葵伏特加 ※p.246
1/2 顆　白桃
適量　檸檬汁
適量　糖漿
──　黑醋栗粉

冰：無
杯子：雞尾酒杯
裝飾物：白桃切塊
製作方式：搖盪法

桃子去皮後隨意切塊，放入 Tin 杯搗碎。然後加入其他材料和冰塊，搖盪。用細目濾網過濾後倒入雞尾酒杯，最後放上白桃塊裝飾。

桃子必須常溫保存。如果放冰箱，調酒時很難提出甜味。假如果肉夠軟，可以用搗棒充分搗爛；假設果肉還有點硬，則改用手持式均質機攪拌，再添加其他材料。
檸檬和糖漿的作用只是勾勒出淡淡的風味輪廓，感覺就像拿刷子清理化石上的塵土，慢慢添加、慢慢調整。如果桃子的果汁和甜味不夠，可以改用 10ml 的山葵伏特加，搭配 25ml 的原味伏特加，這麼一來桃子味就會明顯許多，更容易達到風味平衡。這杯酒的一切，取決於山葵（辛辣）× 桃子（甜味）的平衡。品嘗時，最理想的平衡狀態是先感受到山葵味，接著桃子的味道擴散開來，然後再次浮現山葵的味道。

藍紋乳酪 & 葡萄柚
Blue cheese & Grapefruit

30ml　洛克福乳酪伏特加 ※p.250
60ml　葡萄柚汁
10ml　檸檬汁
10ml　龍舌蘭糖漿
30ml　氣泡水
——　鹽

冰：實心硬冰
杯子：平底杯
裝飾物：檸檬片
製作方式：搖盪法

將所有材料加入搖酒器混合，加冰
搖盪。用細目濾網過濾後倒入鹽口
杯，加入氣泡水輕輕攪拌，再放入
檸檬片裝飾。

這是用上洛克福藍紋乳酪的改編版鹹狗。當初我思索如何運用藍紋乳酪時，發現它很
適合搭配柑橘，於是便有了這杯酒的想法。

藍紋乳酪在這杯酒中負責了鹹味，如果味道太重，自然會破壞整體平衡。整杯酒的關
鍵，在於龍舌蘭糖漿的甜味。甜味可以凸顯乳酪類調酒的風味輪廓，但也不能欠缺酸
味，否則喝起來會很甜膩。我希望這杯調酒能保持葡萄柚的清新路線，尾韻又留住乳
酪的風味。加了甜味會烘托出乳酪的味道，加入柑橘材料會襯托出葡萄柚的味道。因
此必須根據葡萄柚的味道強弱，拿捏上述兩者的平衡。

如果還要再加入、增添一些風味，可以嘗試胡桃、無花果、西洋梨。食物方面，也非
常適合搭配用瑞可達乳酪製作的開胃小點，還有生火腿捲桃子。

奇異果&柚子&蒔蘿
Kiwi & Yuzu & Dill

30ml 琴酒／亨利爵士 Hendrick's Gin
1/2 顆 奇異果或黃金奇異果
30ml Seedlip Garden 108
〔草本風味蒸餾液〕
5ml 柚子汁
5ml 糖漿
1 枝 蒔蘿
30ml 芬味樹通寧水 Fever Tree
—— 山椒粉、蒔蘿

冰：無
杯子：葡萄酒杯
製作方式：搖盪法

將花椒粉以外的材料加入 Tin 杯，用
手持式均質機攪拌後，加入冰塊搖盪。
用細目濾網過濾後倒入杯子，注入通
寧水。表面撒上山椒粉，中央放上蒔
蘿裝飾。

這杯酒是為了使用「Seedlip Garden 108」而構思的調酒。Seedlip Garden 108 是
一種用豌豆、百里香、迷迭香、啤酒花和乾草製成的草本風味蒸餾液，本身已具備複
雜的風味，只不過欠缺一些深度。因此，我用了奇異果增加液體厚度，並作為整體核
心，酒精部分的核心則使用琴酒，然後添加柚子和蒔蘿點綴。液面的山椒粉可以增添
喝第一口時的香氣，喝下後也能帶來味道的變化。
味道的濃淡可以藉由通寧水的用量調整。如果拿掉琴酒，將 Seedlip 的用量增加至
45ml，則可以做出無酒精調酒（mocktail）；將琴酒換成不甜香艾酒，則可以做出
低酒精調酒；而增加琴酒用量，並將通寧水換成義大利氣泡酒（spumante），則能
做出較厚重的口味。有這麼一份能隨時因應狀況改變配方的酒譜，真的很方便。

唇彩變妝

Lip Dresser

30 ml 開心果伏特加 ※p.257
15 ml 伏特加／灰雁伏特加 Grey Goose
20 ml 覆盆子果泥
2tsp. 綜合冷凍莓果（黑莓、紅醋栗、覆盆子、藍莓）
15 ml 香草糖漿
20 ml 椰子水
20 ml 鮮奶油
── 椰蓉、刨碎的甘納許 ※p.268

冰：無
杯子：碟型雞尾酒杯
製作方式：混合法

將甘納許和椰蓉以外的材料加入大 Tin 杯，加入約 20g 碎冰，用手持式均質機攪拌。倒入雞尾酒杯，表面撒上椰蓉，削上甘納許。

這杯酒的主題是開心果和莓果的組合。基酒是浸漬了開心果的伏特加，不過單獨使用風味會太重，所以我還加了開心果伏特加一半分量的原味伏特加。莓果最好使用冷凍的，比較容易做出理想的質地，也可以減少碎冰的用量。由於開心果帶油脂且味道濃厚，建議其他風味材料的用量取開心果的 2 倍左右。

表面的巧克力碎片，我是使用自製的甘納許。若使用調溫巧克力，即使削成碎片，也不會入口即化，但加了鮮奶油的甘納許融點較低，和調酒一起入口時便會融化，與調酒合而為一。喝這杯酒時，嘴唇會沾上調酒的紫、椰蓉的白和巧克力的黑，色彩不斷改變，所以我取名為「唇彩變妝」。

能明顯喝到開心果風味的調酒其實沒有想像中的多，但在甜點上，莓果配開心果的蛋糕倒是很常見。即使做成液態的調酒，莓果和開心果的組合依然是絕配，感覺就像一杯用喝的甜點，適合推薦女性和剛接觸調酒的客人飲用。

日式高湯&百香果
Dashi & Passion

40ml　鮮味伏特加 ※p.253
20ml　百香果泥
15ml　檸檬汁
10ml　糖漿
30ml　蛋白
30ml　氣泡水
──　　鹽（鹽之花）

冰：無
杯子：白酒杯
製作方式：搖盪法

將氣泡水和鹽以外的材料加入搖酒器混合，用手持式均質機攪拌至起泡後，加入冰塊搖盪。用細目濾網過濾後倒入白酒杯，注入約 30ml 的氣泡水，並於液面中央放上一撮鹽。

這杯酒的主題是「日式高湯與水果」。喝了 2 ～ 3 口後，轉動杯子，讓鹽巴溶解後，味道會更集中，整體風味也會改變。這款調酒的重點在於「變化」，而變化來自風味的平衡。基酒使用的鮮味伏特加，是用伏特加浸漬老鰹魚乾、鮪魚乾、昆布的綜合粉末，具有細緻乾淨的鮮味。但如果百香果的酸味太強，會掩蓋掉鮮味。所以，建議「固定」鮮味伏特加的分量，先加入約 10ml 的百香果泥（如果是新鮮百香果肉則為 1/3 顆的分量）嘗試味道的平衡。如果高湯的味道太重，可以逐步增加百香果的用量，直到「感受到高湯風味的 2 秒後出現百香果的風味」即可。如此一來，當鹽巴溶解後，所有味道都會合而為一。

蘋果＆松茸

Apple & Matsutake

40ml 松茸伏特加 ※p.253
1/3 顆 蘋果
10ml 檸檬汁
8ml 日式高湯糖漿 ※p.262
── 焦化醬油粉 ※p.269

冰：實心硬冰
杯子：矮腳杯（goblet）／碟型雞尾酒杯（不加冰）
製作方式：搖盪法

將蘋果磨成泥，只取果汁加入搖酒器。加入其他材料，調整味道。加入冰塊搖盪，用細目濾網過濾，倒入杯口沾了焦化醬油粉的杯中。

這杯是從「日式高湯與水果」的主題衍生出來的調酒。日式高湯有很多系統，湯底可以用蕈菇、單一海鮮、蔬菜熬製，我也嘗試過用每一種湯底的「鮮味」為主題創作調酒。我會先在腦中描繪出成品的印象，然後用回推的方式構建味道，例如思考什麼材料適合搭配鰹魚、什麼材料適合搭配蕈菇，在腦海中加以組合，一旦浮現可行案例或味道印象，就實際試做。

當我考慮創作「松茸＋某種材料」的調酒時，首先想到的是烤過或煮過後也很好吃的食材，因為松茸通常會烤過或煮過再吃。因此，我猜想松茸適合搭配加熱後也很好吃的水果。蘋果、鳳梨、柳橙都符合這個條件，實際上這些水果搭配鮮味伏特加（p.253）也不錯。尤其是蘋果，用來搭配松茸伏特加時一拍即合。美中不足的是味道稍顯單調，所以我加了與松茸味道合拍的焦化醬油，做成粉末後沾在杯口點綴風味。我認為這杯酒需要鹹味，也可以製作輕盈的鹽泡放在表面。奶油發泡器做出來的慕斯質地太重，我認為用卵磷脂做出來的輕盈泡沫比較合適。

金柑 × 玄米茶
Kumquat ×Genmai Tea

40ml　玄米茶伏特加 ※p.254
2 顆半～ 3 顆　金柑
　　（宮崎產的大顆金柑）
15ml　檸檬汁
5 ～ 8ml　糖漿
──　玄米茶葉

冰：無
杯子：抹茶碗
製作方式：搖盪法

將材料放入 Tin 杯，用手持式均質
機攪拌，加冰搖盪。用細目濾網過
濾後倒入抹茶碗，中央放上玄米茶
葉裝飾。

金柑最美味的部分是皮，含有豐富的油脂，不過使用搗棒無法讓油脂與液體結合，因
此需要使用手持式均質機攪拌。適合搭配金柑的食材有奶油乳酪、香草、椰子、薑、
蜂蜜、柳橙等等，白巧克力也不錯。這裡我選擇的是玄米茶，玄米茶的味道主要來自
烘烤過的玄米，而不是茶味，與各種水果都能搭配得宜。日本茶有煎茶、玉露、焙茶
等等，不過玄米茶的用途最廣。
若這份酒譜中再加入奶油乳酪，增加甜味，就能做出類似「金柑玄米乳酪蛋糕」的調
酒。將金柑換成蘋果、桃子、鳳梨、麝香葡萄、無花果、柿子等其他水果，也能做出
美味的調酒。

鳳梨&蕎麥茶

Pineapple & Soba-cha

(Buckwheat tea)

40ml　蕎麥茶伏特加 ※p.254
1/8 顆　鳳梨（新鮮果汁則改為 45ml）
10ml　檸檬汁
5ml　糖漿
──　味噌粉 ※p.269

冰：無
杯子：紅酒杯
製作方式：搖盪法

將味噌粉以外的材料加入 Tin 杯，用
手持式均質機攪拌，加冰搖盪。用細
目濾網過濾後倒入紅酒杯。這時，用
搗棒擠出被果肉吸收的液體。將味噌
粉撒在調酒表面。

這是以蕎麥茶風味伏特加為基酒所設計的調酒。

蕎麥伏特加的香氣獨特，類似烤過的堅果。我發現與開心果、杏仁等材料相配的材料，
也很合適搭配蕎麥茶伏特加，舉凡巧克力、莓果、椰子，都能和蕎麥伏特加組合成調
酒。

那麼，有哪些水果與蕎麥茶的香氣搭調？我率先考慮的是烤過也美味的水果，於是想
到鳳梨、蘋果、桃子，接著我選擇了感覺特別合適的鳳梨，設計成比較簡單的調酒，
再加入味噌點綴。既然有蕎麥味噌這種東西，味噌與蕎麥茶必然相得益彰，而且與鳳
梨也相輔成。

我曾嘗試將味噌直接加入調酒，但這麼做很難平衡味道。而味噌粉入口、溶解後，會
慢一拍才浮現鹹味、鮮味，比較便於我控制風味的表現與強弱。我個人認為，味噌粉
多撒一些也很美味。

絨毛玩偶
Peluche

35ml 黑胡椒波本威士忌 ※p.257
1/3 顆 蘋果
10ml 檸檬汁
10ml 香草糖漿 ※p.262
1 球 自製肥肝冰淇淋 ※p.269
—— 黑胡椒

冰：實心硬冰
杯子：愛爾蘭咖啡杯
裝飾物：蘋果片 1 片
製作方式：搖盪法

使用慢磨機將蘋果榨成果汁。將肥肝冰淇淋以外的材料加入搖酒器，加冰之後充分搖盪，用細目濾網過濾後倒入杯中。蓋上蘋果片，放上肥肝冰淇淋，再撒上現磨黑胡椒。

使用旋轉蒸發儀製作肥肝伏特加時，殘留液中仍留有不少肥肝的成分，於是本集團資深調酒師佐藤由紀乃，將肥肝殘留液做成冰淇淋，並充分利用肥肝冰淇淋開發出這杯調酒。

她選擇與肥肝風味搭配效果不錯的蘋果作為調酒的底味，且為避免甜膩導致風味模糊，還加入了黑胡椒，微辣口感讓這些材料組合起來更勻稱。喝一口調酒後，再吃一口肥肝冰淇淋，調酒可以發揮類似醬汁的功能，點綴冰淇淋的滋味。蘋果 × 黑胡椒、蘋果 × 肥肝、肥肝 × 黑胡椒、黑胡椒 × 波本威士忌、波本威士忌 ≒ 香草，這杯酒的所有材料，彼此之間都很合拍。

4 擬食調酒
Food Inspired

「某些料理」的概念轉化而成的調酒。料理、甜點都是創意的藏寶庫，一堆天作之合就擺在眼前，因此，通常我會解析料理的要素，然後「重新構築」成一杯調酒。或許有人會疑問，誰會想喝一杯冬蔭功或培根蛋調酒？不過世上總有喜歡嘗鮮的人，許多客人也非常開心能喝到這種以食物為靈感的調酒。只是，要將各種材料的味道融合好非常困難，希望各位讀者能仔細閱讀酒譜的構思過程，和各個材料的組合，確實掌握每份酒譜的重點。

米蘭風費斯

Milanese Fizz

35ml　烤蘆筍伏特加 ※p.252
10ml　白松露伏特加 ※p.252
20ml　鮮奶油
20ml　檸檬汁
15ml　糖漿
30ml　蛋白
40ml　氣泡水
──　黑胡椒

冰：無
杯子：笛型香檳杯
製作方式：搖盪法

將氣泡水以外的所有材料加入搖酒器，用手持式均質機攪拌打發。加入冰塊搖盪，用細目濾網過濾後倒入杯中。補滿氣泡水，撒上磨碎的黑胡椒。

這是一杯以「米蘭風蘆筍蛋」為靈感的調酒。Milanese 是米蘭風的意思，而這道料理的做法是將荷包蛋放在綠色蘆筍上，再撒上帕馬森乳酪。每逢蘆筍產季，許多義大利餐館都能看到這道菜。

這杯調酒的雛型是拉莫斯琴費斯。拉莫斯琴費斯是一杯加了蛋白、鮮奶油的琴費斯，發明者為紐奧良的調酒師亨利・拉莫斯（Henry C. Ramos）。我將基酒的琴酒換成烤蘆筍和白松露風味伏特加。雖然這兩項材料是主要風味，但我將重點放在蘆筍上，白松露則用來點綴尾韻，最後便找出了目前酒譜的比例。

米蘭風蘆筍蛋的基本元素有「蘆筍、蛋、帕馬森乳酪」，但考量到風味平衡，我將材料調整為「蘆筍、白松露、蛋白」。白松露的風味可以讓許多調酒多一分奢華感。白松露伏特加的味道相當濃郁，少許即可點綴風味。酒譜的糖漿，也可以嘗試用加了白松露做成的蜂蜜糖漿代替（白松露蜂蜜糖漿 p.263）。

純白番茄費斯

White Tomato Fizz

35ml　羅勒琴酒 ※p.247
35ml　澄清番茄汁 ※p.267
10ml　檸檬汁
8ml　　糖漿
20ml　蛋白
40ml　芬味樹通寧水 Fever-Tree
──　橄欖油、黑胡椒

冰：無
裝飾物：乾番茄片
杯子：酸酒杯
製作方式：搖盪法

將通寧水以外的材料加入搖酒器，用手持式均質機攪拌、打發。加冰搖盪，用細目濾網過濾後倒入杯中，注入通寧水，輕輕攪拌。表面滴上幾滴橄欖油，灑上磨碎的黑胡椒。

這是調酒版的「卡布里沙拉」。調酒上雖然會使用新鮮番茄，但 2012 年還很少看到用透明番茄汁製作的調酒。利用離心機，從番茄泥中分離出的透明番茄汁，無論香氣或味道都非常新鮮、美味，直接與香檳混合就很好喝；搭配小麥啤酒，簡單調成白色的紅眼（Red eye）也不錯。

純白番茄費斯的重點在於澄清番茄汁與羅勒琴酒的平衡，以及蛋白的用量。假設羅勒琴酒的用量提高到 40ml，那麼番茄汁的量也要增加，否則會被羅勒的味道壓過去。兩者用量相同最剛好。若使用新鮮羅勒並拿搗棒搗，則建議將基酒換成原味伏特加，風味上會比較平衡。雖然這麼做會搗出羅勒的色素，使調酒變成綠色，不過味道很棒。這杯調酒非常適合搭配使用布拉塔乳酪等新鮮乳酪製作的菜餚、番茄義大利涼麵、醃漬沙丁魚。

喜悅檸檬蛋糕
Delizia al Limone

35ml 檸檬葉伏特加 ※p.257
15ml 黃夏翠絲 VEP
　　　Chartreuse Jaune VEP
　　　〔利口酒〕
30ml 鮮奶油
20ml 香草糖漿
20ml 蛋白
20ml 檸檬汁
　　　檸檬皮絲

冰：無
杯子：雞尾酒杯
製作方式：搖盪法

將所有材料放入搖酒器，用手持式
均質機或奶泡機攪拌。加冰搖盪，
用細目濾網過濾後倒入杯中，表面
刨上檸檬皮絲。

Delizia al Limone 是一道誕生於義大利南部索倫托半島（Sorrento）的甜點，做法是將吸收了檸檬酒（limoncello）的海綿蛋糕、檸檬味鮮奶油和卡士達醬層層疊疊，而我試圖以調酒的形式呈現這種檸檬蛋糕。為避免檸檬和鮮奶油的味道太單調，我加入了檸檬葉和草本植物的風味，讓綿密的口感多一分鮮明的滋味。
檸檬葉、夏翠絲、檸檬、香草的組合非常棒，即使不加鮮奶油，也能做出一杯美味的酸酒類調酒。我十分推薦搭配乳酪蛋糕和莓果類蛋糕一起享用。
像這樣「解構」經典甜點的味道元素，並重新建構成一杯調酒，不只過程有趣，成品也會相當美味；經典提拉米蘇如是，巧克力橙片亦然。觀摩不同甜點師的食譜，加以拆解分析，肯定能發現有趣的組合。

女巫的手藝

Witch Craft

35ml	檸檬葉粕取燒酎 ※p.257
20ml	芒果泥
	（或 1/4 顆新鮮愛文芒果）
20ml	純椰子水
10ml	萊姆汁
5ml	椰子糖漿
30ml	蛋白
1/3tsp.	咖哩粉
——	綜合辣椒粉、黑胡椒

冰：碎冰（視杯具改變）
杯子：椰子殼（或雞尾酒杯）
製作方式：搖盪法

將所有材料加入搖酒器，用手持式均
質機攪拌。加冰搖盪，用細目濾網過
濾後倒入杯中，表面撒上綜合辣椒粉
和黑胡椒。

這杯酒的主題是咖哩風味和水果。煮咖哩時，可以加入水果提味，這種情況下，咖哩
是「主角」，水果是「配角」。不過換成飲料則要反過來思考，如果喝調酒時，第一
口嘗到咖哩味，很多人可能會嚇到不敢繼續喝下去。我認為還是以水果為主體，中段
到尾韻的部分帶點咖哩香（＝香料）才是最佳的風味平衡。
市面上有很多味道強烈的綜合香料，不過原則上，我希望客人品嘗這杯酒時，不會第
一口就嘗到香料味，而是尾韻才感受到香料味擴散開來。咖哩粉本身就是一種很棒的
綜合香料，所以和鳳梨和芒果等熱帶水果大致上都很合拍。也可以根據綜合香料的特
色，搭配番茄、椰子、蘋果、香蕉、柳橙。此外，有些咖哩粉可能含有增稠劑，不適
合預先混合後冷藏備用，否則材料會黏稠成塊。

冬蔭酷樂
Tom yum Cooler

45ml　冬蔭伏特加 ※p.252
20ml　萊姆汁（若能取得四季橘，則建議使用四季橘汁 1：萊姆汁 3 的混合果汁）
15ml　羅望子糖漿 ※p.262
10ml　白巴薩米克醋
1dash　塔巴斯科辣椒醬
50ml　梵提曼薑汁啤酒 Fentimans
──　檸檬香茅、辣椒絲、香菜、乾番茄片

冰：碎冰
杯子：平底長杯
製作方式：直調法

在長杯中加入薑汁啤酒以外的材料，用搗棒搗碎。搗碎的程度可以控制香菜味道的濃淡。填入碎冰之後，倒入薑汁啤酒，輕輕攪拌。插入檸檬香茅、辣椒絲和乾番茄片。

雖然這杯調酒的靈感來自「冬蔭功 ※」，不過味道只含冬蔭（酸辣），不包含功（蝦）。我原本打算拆解冬蔭功的元素後重新構成一杯調酒，後來發現已經有類似的調酒存在了，於是打消念頭，轉而開始從伏特加浸漬冬蔭醬開始設計酒譜。做出冬蔭風味伏特加後，剩下的就是思考如何調出可以「大口暢飲」的清爽滋味。將料理概念轉化為調酒時，若味道不討喜，會有很大一部分的人「無法接受」。因此，製作調酒時務必考量到易飲性。像這杯酒，只靠柑橘類材料酸味不足，所以我還加了白巴薩米克醋，增加銳利的酸味。糖漿部分，我考慮過檸檬香茅、檸檬葉、薑等風味，不過羅望子搭配起來最合適。產地相近的食材，搭配起來果然也非常合適。辣味部分，我用了塔巴斯科辣椒醬；改用新鮮辣椒也不錯。如果想要做點變化，可以放上一球椰子義式冰淇淋，或加入少許椰奶。
香菜（芫荽葉）和冬蔭功都是「好惡兩極化」的東西，總有人對這樣的味道著迷。不喜歡香菜的人，也可以用羅勒取代。

※ 冬蔭功（tom yum kung）為泰文音譯，意思是「酸辣蝦湯」。冬蔭常譯為泰式酸辣湯（tom ＝煮，yum ＝拌），功則是「蝦」的意思。

早餐

The Breakfast

45ml 煙燻培根伏特加 ※p.258
1 顆 全蛋
20ml 新鮮玉米（或玉米粒）
　　 糖漿 ※p.263
20ml 澄清蕃茄汁 ※p.267
──── 黑胡椒、帕馬森乳酪

冰：無
杯子：碟型雞尾酒杯或湯碗
裝飾物：和牛肉乾
製作方式：搖盪法

先將玉米糖漿以外的材料加入搖酒
器，用手持式均質機攪拌、打發。
加冰搖盪，用細目濾網過濾倒入杯
中。表面撒上黑胡椒，刨上帕馬森
乳酪，附上牛肉乾裝飾。

這杯調酒是將「培根蛋」的元素拆解後，重新建構成液體的形式。培根的部分用伏特加浸漬，蛋的部分直接使用全蛋，玉米的部分做成糖漿，蕃茄的部分則使用澄清蕃茄汁。

煙燻培根伏特加的風味，取決於用來浸漬的培根種類。可以選擇自己喜歡的風味，不過太優質的培根，脂肪風味比較乾淨，反而浸漬不出什麼香氣。還是使用有點味道的培根比較容易浸出香氣，得到鮮明的培根味。這份酒譜的玉米糖漿如果只用 15ml，酒感會稍嫌突出，20ml 則剛剛好。也可以用楓糖漿代替玉米糖漿。

中華涼麵

Cold Sesame Cooler

45ml	中華高湯伏特加 ※p.253
1/4 顆	桃子
3 片	小黃瓜片
15ml	白芝麻糖漿 ※p.263
20ml	檸檬汁
15ml	紅薑風味醋 ※p.265
50ml	梵提曼薑汁啤酒 Fentimans

冰：碎冰
杯子：古典杯
裝飾物：紅薑絲、小黃瓜、白芝麻
製作方式：搖盪法

將薑汁啤酒以外的材料加入大 Tin 杯，
用手持式均質機攪拌後，加冰搖盪。
用細目濾網過濾後倒入古典杯，填入
碎冰，加入薑汁啤酒，輕輕攪拌。

有一段時間，本集團的調酒師藤原為了創作拉麵調酒而一再實驗。他「解構」拉麵的
元素後「重新構築」，也試過將豚骨高湯的湯底製成烈酒，但結果都不如預期。於是
我請他將所有的材料拿過來，試著混合。奇怪的是，混合後的味道竟然不是拉麵，而
是中華涼麵。聽起來像玩笑話，不過我們就這麼敲定了酒譜，並於夏天不定期供應這
杯酒。這份酒譜的基礎是冬蔭酷樂（p.162），酸味、辣味、蔬菜味的平衡也很接近
那杯酒的黃金比例。我只是將材料套用到那杯酒的架構，加入桃子則是藤原的點子。
桃子和小黃瓜、芝麻的風味也很合。
這杯調酒的重點，在於藤原起先想做的是「拉麵調酒」。儘管過程不順利，但只要有
明確的想像和目標，並不辭辛勞找齊所有拼圖，終能成功。有時候，也可能會走到預
料之外的終點（最終做出來的調酒）。

酸蛋酒
Sour Eggnog

40ml　奈良漬伏特加 ※p.254
1 顆　全蛋
1tsp.　馬斯卡彭乳酪
15ml　黑芝麻糖漿 ※p.263
30ml　鮮奶油
5ml　龍舌蘭糖漿
──　奈良漬粉、甘納許

冰：無
杯子：竹筒杯
製作方式：搖盪法

將所有材料加入 Tin 杯，用手持式
均質機攪拌。加冰搖盪，用細目濾
網過濾後倒入杯中。表面灑上奈良
漬粉，刨上甘納許。

這杯調酒用了「奈良漬伏特加」。奈良漬是一種醬菜，風味潛藏著許多可能，這裡我
用作蛋酒的基底，加入充足的甜味，再用馬斯卡彭乳酪增加豐厚感，使整體達到和諧
的風味。
巧克力和奈良漬雖然很合拍，但將兩者混在一塊，很容易分不出風味，所以我還是決
定拆開來處理，在調酒表面分別撒上奈良漬粉和刨碎的巧克力。一開始，奈良漬的鹹
味會烘托出調酒的甜味，過了一會，入口的巧克力也會改變味道。
奈良漬與陳年 PX 雪莉酒之間相當契合。發酵食品之間通常都很搭調，例如味噌和巧
克力、PX 雪莉酒和酒粕乳酪。不常用於調酒的材料，也可以通過這種思維審視，進
而察覺更多可能性。

洋梨布丁

Pear Pudding

40ml	西洋梨風味伏特加／ 灰雁西洋梨伏特加 Grey Goose La Poire
1/3 顆	西洋梨（Le Lectier）
20ml	advocaat〔蛋酒〕
20ml	鮮奶油
15ml	香草糖漿
5ml	干邑白蘭地／ 保羅吉洛 25 年 Paul Giraudextra vieux
——	焦糖醬、肉桂粉

冰：無
杯子：球型杯
製作方式：搖盪法

將西洋梨切片後放入 Tin 杯，用手持
式均質機攪拌。加入焦糖醬和肉桂粉
以外的所有材料和冰塊搖盪，用細目
濾網過濾後倒入加了少許焦糖醬的杯
子。表面刨上些許肉桂粉。

這是一杯「布丁」調酒。使用西洋梨、香草和鮮奶油，組合出極為類似布丁的滋味。
可以用肉桂糖漿取代香草糖漿，也可以加入少許芫荽籽或大茴香，改編成香料風味，
不過上述酒譜簡單明瞭的味道比較受歡迎。添加少量的保羅吉洛可以增添風味深度。
無論使用卡爾瓦多斯或干邑白蘭地，都建議擇高年份且風味契合的品牌。酒譜中的西
洋梨換成桃子、甜瓜，並將基酒換成原味伏特加也非常合適。

洛克福可樂達
Roquefort Colada

35ml　洛克福乳酪伏特加 ※p.250
1/8 顆　鳳梨
30ml　鮮奶油
15ml　龍舌蘭糖漿
──　焦糖爆米花碎片

冰：無
杯子：平底杯
裝飾物：乾燥鳳梨片
製作方式：混合法

將所有材料加入 Tin 杯，加入約 50g 的碎冰，用手持式均質機攪拌。倒入杯中，撒上焦糖爆米花碎片，放上乾燥鳳梨片裝飾。

這杯調酒的主題是「乳酪和水果」。藍紋乳酪具有濃郁的水果與香料香氣，還有黴菌、鐵質的氣味，這種鹹味十足、獨一無二的特色，與水果一拍即合。這裡我用的是鳳梨，不過西洋梨、無花果、桃子、葡萄柚，或是南瓜也很合適。
製作乳酪風味的調酒時，需要考量到其鹹食感（鹹味）會在哪一段風味顯現。是第一口，還是尾韻？得花點心思才能掌握好風味平衡，尤其是甜味的部分（通常還是蜂蜜類的材料最適合），因為甜味能襯托出乳酪味，勾勒出風味輪廓。我先加入 30～40ml 的乳酪烈酒，觀察與其他材料之間的平衡。我發現，乳酪烈酒純飲時風味濃烈，酒感卻不強；如果其他材料的味道太重，則補一點甜味，確保乳酪的味道夠明顯。除此之外，還可以添加少許鹽巴，或極少量濃度 20% 的鹽水，試試看乳酪的風味是否清晰。如果以上兩種方法能確保乳酪的味道夠紮實，那就沒有問題。假如還是感覺不出乳酪的風味，那可能是與其他材料的平衡不佳、比例不對，此時可以更換其他材料，或減少用量。

藍紋乳酪馬丁尼

Blue cheese Martini

45ml 洛克福乳酪干邑白蘭地 ※p.250
15ml 索甸貴腐酒 Sauternes〔甜白酒〕
3ml 龍舌蘭糖漿

冰：無
杯子：雞尾酒杯
裝飾物：鑲著藍紋乳酪的橄欖
製作方式：攪拌法

將所有材料倒入品飲杯，將龍舌蘭糖漿充分攪拌溶解。確認味道後，倒入裝了冰塊的攪拌杯，攪拌完成後倒入雞尾酒杯。

這杯酒的外觀無異於一杯普通的馬丁尼，喝起來卻像在吃一塊淋了蜂蜜的藍紋乳酪。我做出藍紋乳酪風味的烈酒後，嘗試搭配過許多組合，最後發現這種風味不適合酸味和味道較單純的調酒。後來幾經實驗，我想出了這杯調酒，並發現甜味能烘托出乳酪的風味。藍紋乳酪和蜂蜜是眾所周知的黃金組合，而我嘗試過搭配蜂蜜、冰酒、貴腐酒等各種材料，發現用攪拌法調製時，蜂蜜不容易溶解，冰酒的甜度太搶鋒頭，而貴腐酒的甜味收得很乾淨，搭配起來風味相當平衡。然而，光是這樣還不足以與乳酪的風味完美調和，所以我又加了些許龍舌蘭糖漿，成功將風味合而為一。

這杯酒的基酒是白蘭地。我最開始用得是伏特加，但有一次我嘗試了使用軒尼詩（Hennessy），發現味道更濃郁，口感更加美味。白蘭地的原料是葡萄，貴腐酒的原料也是葡萄，葡萄、蜂蜜、乳酪，每項材料都相當合拍，搭配起來形成更為美妙的一體。

美味巧克力馬丁尼
Gastro Chocolate Martini

45ml　肥肝伏特加 ※p.250
120g　甘納許 ※p.268
30ml　鮮奶油（乳脂含量 38%）
──　肉豆蔻、煙燻

冰：無
杯子：雞尾酒杯、透明薄膜
製作方式：搖盪法

將甘納許、鮮奶油放入耐熱容器，以微波爐（700w、30 秒）加熱至融化。加入肥肝伏特加，用奶泡機充分攪拌，乳化成滑順質地。接著倒入搖酒器，加冰搖盪，用細目濾網過濾後倒入杯中。表面刨上肉荳蔻，用透明薄膜包住杯子，插入煙燻槍的出煙口，灌入煙霧。端到客人面前再拆開薄膜。

這杯調酒最大且唯一的特點，就是「肥肝伏特加與巧克力」的組合。我店裡原本有一杯原味伏特加基底的「煙燻巧克力調酒」，某次一位外國客人向我點一杯「同樣使用巧克力和煙燻元素的驚喜調酒」，於是我即興創作了這杯酒。我記得自己在什麼地方看過肥肝和巧克力的組合，實際搭配過後，出現了類似榛果巧克力的獨特風味，形成獨一無二的味道。類似肥肝的香味，巧克力滑順的口感，肉荳蔻淡淡的辛香，妝點整體的煙燻味，恰到好處的平衡，保證所有巧克力愛好者喝了都滿意。改用香蘭葉浸漬伏特加也可以做出類似的味道，但唯有肥肝伏特加才能完全表現出這樣的風味。
我 2013 年創作了這杯酒，直到現在，它與莫斯科騾子都是本店特別受歡迎的招牌調酒。

5 概念調酒
Conceptual

概念調酒是指具備某些明確的訊息，能向飲用者傳達故事的調酒。概念即一杯調酒的「世界觀」，舉凡酒譜、杯具、外觀、名稱……一切都必須符合一貫的「構想或觀點」。設計時可以從某個概念出發，也可以從名稱或杯具出發。我們需要運用「企劃力」構築調酒背後的世界，也需要藉由「組織力」編排材料，表現故事。具有靈活的思維，吸收各項資訊，才能培養企劃力，因此多了解範例非常重要。希望本書介紹的調酒，能提供讀者一些參考。

融雪瑪莉

Thawing Mary

20ml　蜂斗菜琴酒 ※p.247
15ml　山葵琴酒 ※p.246
10ml　檸檬汁
10ml　柚子汁
1 顆　AMELA 蕃茄〔水果番茄〕
適量　澄清番茄汁 ※p.267
── 液態氮、有機味噌、薄荷

冰：無
杯子：雙層玻璃杯
製作方式：搖盪法

將澄清番茄汁和液態氮加入 Tin 杯，用吧匙充分攪拌成粉末狀。將其他材料（除了味噌和薄荷）放入另一組 Tin 杯，用手持式均質機攪拌後，加冰搖盪。用細目濾網過濾後倒入杯中，放上番茄粉，並將味噌和薄荷葉放在一個小湯匙上一起供應。

這杯酒的概念是「融雪景致」，旨在兼顧視覺效果和風味。我選擇融雪時節採收的蜂斗菜作為基礎風味，添加山葵的清新辣味、檸檬和柚子的柑橘混合果汁，還有番茄，架構上參考了血腥瑪麗。

對調酒師來說，血腥瑪麗是一杯容易改編，也很有興趣改編的調酒，時不時便出現改編的風潮。近年，國外特別偏好做成湯品般的複雜口味，或使用離心機、洗滌法做成透明的模樣，不過我這杯酒的改編方向不太一樣。日本的番茄甜度很高，十分可口，所以我想要好好發揮這一點，避免使用過剩的香料，另外附上味噌和薄荷搭配。含一點味噌再喝，你會發現味噌的鹹味和薄荷的涼爽非常相襯。味噌和薄荷的組合聽起來有些出人意表，但一起吃的時候便會發現兩者多麼適合。

用液態氮製作的番茄粉有三種作用：①點綴口感、②保冰、③表現白煙靄靄的視覺效果。杯子下方鋪著京番茶，摹擬落葉的印象。

尚馬利‧法理納

Jean-Marie Farina

20ml　琴酒／龐貝藍鑽之星琴酒 Star of Bombay
3 片　小黃瓜片
30ml　曼伽諾甘味香艾酒 Mancino Bianco〔香艾酒〕
15ml　蘇茲 Suze〔龍膽利口酒〕
10ml　聖杰曼 St.Germain〔接骨木花利口酒〕
15ml　檸檬汁
5ml　糖漿
2drops　玫瑰水
50ml　芬味樹通寧水 Fever-Tree
──　羽毛、百里香枝

冰：碎冰
杯子：平底長杯（右頁照片是使用玻璃罐）

將小黃瓜片放入 Tin 杯，用搗棒搗碎。加入通寧水以外的材料和冰塊，搖盪。用細目濾網過濾後倒入杯中，填滿碎冰，加入通寧水並輕輕攪拌。

尚馬利‧法理納（Jean-Marie Farina）是法國歷史悠久的古龍水牌子，我用調酒演繹其花卉、草本、柑橘合而為一的清新香氣。這杯酒的核心概念是「香氣的表現」，並且「用味道重構香氣」。

重構的第一步，是仔細嗅聞古龍水的香氣。我將香氣分成 4 個階段：①放在香水盒裡的狀態、②實際噴在身上的狀態、③噴在身上一段時間後的狀態、④噴在其他人身上的狀態，並記錄各個階段下感受到的成分。我屢屢感受到龍膽的香氣、類似香艾酒的草本感和柑橘香，而階段①的龍膽香氣尤其明顯。所以我很快便選定香艾酒和蘇茲，至於花香的部分則使用玫瑰和接骨木花；百合之類的白花類香氣也不錯。接著我再根據材料間的適合度，加入琴酒補強酒體，加入小黃瓜接風味。而為了讓這杯酒更易飲，我考慮加入氣泡水、通寧水、蘋果酒或香檳，最後認為通寧水最為合適。實際調出來後，我發現所有材料都很契合。最後，我將吸收了香水的羽毛放在杯子上，飲用前會先聞到淡淡的香氣。當我們的大腦將「鼻前嗅覺（orthonasal）」和「鼻後嗅覺（retronasal）」混合在一起，便會將香氣判斷為「味道」。

調香師是透過想像創造香氣。像這樣一一拆解香水的組成元素，組合各種味道，就像追尋天才調香師的創作軌跡一樣有趣，而且潛藏著無限的應用可能。需要注意的是，別調出化學香料般的味道。一旦出現化學味，調酒的味道水準就會大幅降低。

破戒僧

Immorality the Monk

40ml　檀香琴酒 ※p.248
1/3 顆　青蘋果
15ml　聖杰曼 St.Germain〔接骨木花利口酒〕
15ml　檸檬汁
──　百里香、柚子皮、檀香木屑

冰：實心硬冰 1 顆
杯子：銅杯
製作方式：搖盪法

用慢磨機將青蘋果榨成汁，然後與其他材料一同加入 Tin 杯，加冰搖盪。用細目濾網過濾後倒入裝了冰塊的銅杯。噴附柚子皮油增添香氣，放上百里香裝飾。將檀香木屑放入建水（又名水方，盛水的容器），點火後上蓋，放上銅杯。

這杯調酒的概念，是一名僧侶偷懶躲在寺院後庭，看似在喝茶，其實喝的是酒，所以取名為「破戒僧（的秘密佳釀）」。

風味方面，我選擇了與寺院有關的白檀。檀香的香氣清晰，某些威士忌如白州也能感受到檀香味。檀香具備原木的清涼感，與印象相同的白色花朵、香草、黃綠色水果相得益彰。這份酒譜用的是接骨木花利口酒；花香部分，我認為低調、柔和的香氣較為合適，至於薰衣草或玫瑰這種濃烈的香氣，可能會太搶鋒頭。這杯酒的主角是白檀，接骨木花的作用只是補充香氣，青蘋果的作用則是延展並統整風味。柚子與每項要素都很搭調，但如果直接加入柚子汁，味道會變得太複雜，所以我選擇用柚子皮，僅增添香氣。有些人對白檀很陌生，可以建議對方先聞一下檀香再品嚐。

印度水墨

India Ink

40ml　黑芝麻伏特加 ※p.249
20g　　甘納許 ※p.268
1g　　　抹茶粉
15ml　百香果果泥
30ml　鮮奶油
20ml　黑芝麻糖漿 ※p.263
──　　抹茶、鮮奶油、金箔

冰：無
杯子：雞尾酒杯或抹茶碗
製作方式：搖盪法

將甘納許、鮮奶油放入耐熱容器，以微波爐（700w、30 秒）加熱至融化。和其他材料一同放入搖酒器，用奶泡機充分攪拌至抹茶粉溶解。加入冰塊搖盪，用細目濾網過濾後倒入杯中。表面用鮮奶油、金箔和抹茶畫出水墨畫般的圖案。

這杯酒的概念是「水墨畫」。我起初是想像調酒表面浮現水墨畫般的景象，入口後各種味道淌流開來。口味上。我是從「帶酸味的抹茶巧克力」出發，選擇巧克力、抹茶和百香果作為核心成分，並用芝麻點綴。雖然這些材料的特色都很鮮明，但只要調整好彼此之間的風味強弱平衡，就能控制每種味道出現的時機。若按照上方酒譜調製，儘管每個人喝起來的感覺有些微差異，但通常會先感受到百香果和巧克力的味道，接著是抹茶、芝麻。我現在製作巧克力類調酒時，幾乎不再使用巧克力利口酒，而是使用自製的甘納許。可可含量 50%～ 68%的巧克力較方便使用，若高於這個濃度，味道會很難平衡。白巧克力較難乳化，用於調酒時，攪拌時間必須比黑巧克力多一倍，確實達到乳化。

模擬艾爾 IPA & IWA
IPA & IWA

〔IPA 模擬淡艾爾〕
30ml　奶洗啤酒花琴酒 ※p.258
5ml　　烘烤柚子琴酒 ※p.258
20ml　開普開胃酒
　　　　A.A.BadenhorstCaperitif
　　　　〔香艾酒〕
10ml　畢格雷藥草利口酒
　　　　Bigallet China-China
　　　　〔苦味利口酒〕
10ml　蛋白
90ml　氣泡水

〔IWA 模擬白艾爾〕
30ml　奶洗啤酒花琴酒 ※p.258
30ml　奶洗風味液 ※p.267
30ml　葡萄柚汁
10ml　蛋白
90ml　氣泡水

冰：無
杯子：高腳杯或較矮的半品脫杯
製作方式：搖盪法

將氣泡水以外的所有材料加入 Tin
杯，加冰搖盪（不須事先打發蛋
白）。用細目濾網過濾後倒入杯中，
補滿氣泡水，輕輕攪拌。

這兩杯酒的概念是「不用啤酒調成的啤酒（即模擬啤酒）」。啤酒的風味核心是啤酒花。即使當今的精釀啤酒也能透過發酵和熟成狀況大致控制風味走向，但一切的起點仍是使用什麼樣的啤酒花，還有如何混合或利用其香氣。我使用了幾種啤酒花，最主要的卡斯卡特，是相當具代表性的香氣型啤酒花，以花香和柑橘調為特色。其他品種則可能具有草味、濃烈熱帶水果香等風味。薩茲啤酒花（Saaz）是捷克傳統的香氣型啤酒花，同樣具有出色、奔放的花香和水果香。想要加重苦味，可以使用苦味型啤酒花（α 酸含量較高的品種）；若優先考慮香氣，則可以選擇香氣啤酒花（α 酸含量較低的品種）。

想要調出啤酒的味道，只論如何製造「苦味」，和如何重構其繁複的風味。尤其像 IPA（India Pale Ale，印度淡色艾爾）就具有啤酒花繁複的苦味和水果味。啤酒的風味複雜多變，怪不得近年有些人會說啤酒的味道很像調酒。

我用來調製模擬 IPA（Imitation Pale Ale）的開普開胃酒，是一款南非的香艾酒，含有奎寧與諸多草本成分；再搭配畢格雷藥草利口酒，構成啤酒花以外的苦味和香氣。至於浸漬了烘烤柚子的琴酒，我只用了少量來點綴風味。這是出於我的個人喜好，我想要增添一些苦韻和烤柚子的香氣。至於啤酒的泡沫，我用蛋白來表現，但不需要像製作酸酒類調酒那樣使用整顆或超過 30ml 的蛋白。而且奶洗啤酒花琴酒本身就含有蛋白質，多少有助於產生泡沫。

氣泡水的用量多一點，可以更加強調「氣泡感」，喝起來更像啤酒（氣泡感粗糙一點會更像啤酒）。不過這樣喝起來，尾韻還是比起生啤酒清爽，因為調酒只是單純加了氣泡水，並不像生啤酒是二氧化碳直接融入液體。調酒的泡沫是打發的蛋白，不含二氧化碳，因此喝起來不會有啤酒特有的口感，但也比較清新、爽口。有些人怕喝啤酒容易脹、容易膩，而這杯調酒可以解決以上問題，享受「以假亂真」的風味，但是比啤酒更清爽，更細緻。

模擬 IWA（Imitation White Ale）算是應用版酒譜，除此之外還可以做成巧克力艾爾、櫻桃啤酒、百香果啤酒、蜂斗菜啤酒。設計風味架構時，要將各個部分分門別類，並依序組成。例如主體為啤酒花風味烈酒；調味部分，以 IPA 來說是開普開胃酒和畢格雷藥草利口酒，以 IWA 來說則是奶洗風味液和葡萄柚汁；點綴部分則是烘烤柚子。

四縫線
Four Seams

45ml 檜木伏特加 ※p.248
20ml 檸檬汁
15ml 黑芝麻糖漿 ※p.263
40ml 蛋白
── 味噌粉、高湯鹽、紅紫蘇粉

冰：無
杯子：一合
製作方式：搖盪法

將所有材料加入 Tin 杯，用手持式均質機攪拌，將蛋白打發，然後加入冰塊搖盪。
用細目濾網過濾後倒入酒 ，每個角落分別放上一點味噌粉、高湯鹽和紅紫蘇粉。
調酒表面則放上金蓮花的葉子，滴上一滴玫瑰水。

這杯酒的概念是「用一杯調酒展現四種味道」。我起先是想創作一杯用酒 盛裝的調
酒，後來演變成「先舔一點酒 角落的鹽巴再喝酒」的傳統形式，最後便形成「調酒
＋三種調味料＝四種味道」的概念。酒 的優點，在於液面與杯口齊平時，表面看起
來非常漂亮。三個角落放的香料各自風味，所以要避免調酒本身的材料太複雜，才容
易感受味道的變化。還可以改變基酒與香料的組合，變化出不同的版本。我目前已經
設計了 No.1 ～ No.8 共八種配方，以下介紹其中一個例子。

Another Recipe

〔配方 No.8〕
40ml 檸檬葉獺祭粕取燒酎 ※p.257
15ml 百香果果泥
10ml 柚子汁
10ml 檸檬汁
10ml 檸檬馬鞭草＆蒔蘿濃縮糖漿 ※p.264
40ml 蛋白
── 黑醋栗粉、椰蓉、巧克力

6 | 茶調酒
Tea cocktail

茶是日本文化之一。茶不僅是農產品，也是侘寂精神的
體現，有時甚至牽涉到政治。12 世紀，碾茶的方法與喫
茶法自中國傳入日本。16 世紀，日本茶道發展成熟，江
戶時代中期煎茶技術成熟，末期則發展出玉露。日本的
茶道、煎茶道在飲茶這件事情上，具備獨特的觀念。製
作茶調酒之前，我也希望深入了解茶的歷史、道和文化。
以酒入茶，創作茶調酒，也能發掘茶的新價值。這一節，
我會介紹自己如何基於茶的性質，從經典調酒、科學調
酒、茶尾酒三種角度構思茶調酒，希望能給大家一些參
考。

「茶調酒」與「茶尾酒」

將日本味覺文化投射於調酒創作時，「茶」的元素具有無限的可能。2017 年，我們集團也在銀座開了一家以茶調酒為主題的店鋪，名為 Mixology Salon。

確定以茶為目標之後，我們開始學習各種茶葉的產地、成分、製作方法、品質和沖泡方式，嘗試感受香氣和味道的微妙差異，探索茶調酒的學問。首先要釐清何謂茶調酒，我們起初將茶調酒分成三大類別。

①使用茶葉、抹茶的經典調酒改編。例如：玉露馬丁尼（右頁）、焙火曼哈頓（p.196）
②使用茶葉、抹茶的科學調酒風格茶調酒。例如：百合＆金芒（p.206）
③使用現泡茶湯製作的調酒，我們稱之為「茶尾酒」（teatail）。

①和②可以直接應用我們過往累積的調酒技術。首先了解茶葉的性質，想像要發揮其中的哪一部分，再嘗試與酒搭配，尋找契合的風味。經過多次實驗，我們完成了相當於里程碑的「玉露馬丁尼」。過程中，我們也發現抹茶與百香果、焙茶與草莓、玄米茶與金柑等相輔相成的組合；了解茶葉的特性與適合搭配的材料性質，也促成了一些意外的組合。

③則是調酒上的新挑戰。作為一間專門提供茶調酒的酒吧，自然希望能用調酒呈現出現泡茶湯的細膩香氣和滋味。然而，茶的口感相當纖細，一旦加了酒，便會立即毀了茶的風味。這是茶調酒上最大的關頭，必須嚴謹對待。一般調酒的概念上，會使用 30 ～ 50ml 的基酒建構底味，但是加入如此大量的酒精，會讓茶味瞬間消失。因此，我們決定「跳脫傳統酒精材料的分量」，先將茶倒入葡萄酒杯，專心嗅聞香氣，選擇香氣類似或感覺相配的材料，接著以 1ml 為單位逐量添加材料，摸索既能保留茶味，又融合了酒精材料香氣和味道的「平衡點」。通過這種方式，我們創造了「梨山茶尾酒」、「焙茶尾酒」、「茉莉花茶尾酒」（p.200 ～ 205）的酒譜。

玉露馬丁尼

玉露馬丁尼

Gyokuro Martini

40ml 　玉露伏特加 ※ 右頁
10ml 　極致玉露伏特加 ※ 右頁
10ml 　白麗葉酒 Lilletblanc〔葡萄酒利口酒〕
3drops 索甸貴腐酒 Sauternes 〔甜白酒〕

冰：無
杯子：雞尾酒杯
裝飾物：La Rocca 綠橄欖
製作方式：攪拌法

將所有材料加入品飲杯，預先混合。將預調好的材料淋過冰塊 1 圈倒入攪拌杯，攪拌後倒入雞尾酒杯。

玉露的特徵在於其無與倫比的鮮味。所有綠茶中，就屬玉露的茶胺酸（胺基酸）含量最高，喝起來「鮮味滿滿」，令人聯想到日式高湯。如何表現這種味道，是調製「玉露調酒」的最大關鍵。

一切都從製作基底的玉露伏特加開始。我起初並不清楚一瓶伏特加需要搭配多少公克的玉露，才能明顯感受到茶胺酸，所以嘗試了無數次。由於玉露價格昂貴，所以我參考泡茶時的用量，1 瓶烈酒約浸泡 10g 的茶葉，不過這樣感覺不太到茶胺酸，後來慢慢增加用量至 30g。可是感覺不太對勁，很難想像再花費更多成本能得到更好的結果。於是我改變萃取方式，將 50g 的玉露與伏特加放入旋轉蒸發儀，進行蒸餾，終於得到了滿意的味道。重要的是，玉露必須兼顧「品質」與「用量」，而且單純浸漬無法萃取出茶胺酸。不過並非所有茶種都適合蒸餾的方式，例如煎茶、焙茶，採浸漬方式比較能萃取出明確的味道。

成功研發出玉露伏特加之舉，也成了這杯調酒的起點。至於搭配的香艾酒，若選擇草本、香料味強烈的不甜香艾酒，恐怕會干擾到玉露的茶胺酸。我希望香艾酒能「烘托玉露的鮮味」，因此選擇了具有新鮮葡萄甜味的白麗葉酒。加入少量的索甸貴腐酒，給鮮味多一分點綴。我希望直接展現玉露甘醇的芳香，所以不需要噴附檸檬皮油。橄欖的鹹味與整杯酒很搭調，但不會直接放在酒裡，而是另外提供，希望盡可能減少對酒液味道的影響。

成功開發出這杯酒後，也促成了專門供應茶尾酒的 Mixology Salon 開張。這杯酒可以說是我心中茶尾酒的原點。

Key ingredients ···

〔玉露伏特加〕
玉露茶葉（建議使用上等的冴綠、五香[※]）　　　50g
伏特加／灰雁伏特加 Grey Goose　700ml
礦泉水　150ml

將玉露茶葉和伏特加酒放入燒瓶，蒸餾。氣壓設定 30mbar，水浴鍋設定 40℃，轉
速設定 50 ～ 120rpm，冷卻液設定為－ 5 度。蒸餾出 500ml 後取出，加入 150ml
礦泉水稀釋、裝瓶，常溫保存。

〔極致玉露伏特加〕
傳統本玉露茶葉（建議使用頂級的冴綠、五香）50g
伏特加／灰雁伏特加 Grey Goose　700ml
礦泉水　150ml

步驟相同。

※ 冴綠(さえみどり)、五香(ごこう)都是玉露的品種。

煎茶琴通寧
Green Tea Gin Tonic

30 ～ 40ml　煎茶琴酒 ※ 見下方
80ml　芬味樹通寧水 Fever-Tree

冰：表面平整的冰塊 3 顆
杯子：平底杯
製作方式：直調法

將表面平整的冰塊裝入杯中。用些許氣泡水沖淋冰塊，然後倒掉。將煎茶琴酒淋過冰塊 1 圈，再瞄準冰塊與杯子間的空隙倒人杯中。接著避開冰塊加入通寧水，利用對流混合材料。最後輕輕攪拌即可。

簡單的調酒，最能體現和品嘗到煎茶的滋味。
日本茶農林登錄品種一覽中，光是煎茶茶葉本身就有 50 種以上，加上其他特殊配方，更超過 100 種。酒譜中的煎茶琴酒，主要使用的品種包含冴綠、藪北（やぶきた）、露光（つゆひかり）。冴綠色澤鮮豔，味甘且飽滿。藪北是日本最大宗的品種，占煎茶總產量的 8 成以上，我選用中意品牌的釜炒茶。露光的味道則清爽不沉重。這杯酒的原始酒譜有加萊姆，最後定調為不加，因為煎茶與柑橘不太搭調；玉露的情況也一樣，柑橘尖銳的口感會轉化為苦味。夏天倒是可以加入約 5ml，享受苦味帶來的清爽感，但基本上還是不加比較好，這樣煎茶本身的美味才能充斥口中。

Key ingredients ⋯⋯⋯⋯⋯⋯⋯⋯⋯⋯⋯⋯⋯⋯⋯⋯⋯⋯⋯⋯⋯⋯⋯⋯⋯⋯⋯

〔煎茶琴酒〕
深蒸煎茶（冴綠）茶葉　13g
琴酒／龐貝藍鑽特級琴酒 Bombay Sapphire Gin　750ml

將煎茶茶葉浸泡於琴酒一晚。第二天用濾網過濾掉茶葉後裝瓶，冷凍保存。琴酒除了龐貝藍鑽特級琴酒，我也會根據不同茶葉使用六琴酒或坦奎瑞。不過味道太強烈的琴酒不適合，柑橘味較重的琴酒也不適合。茶葉部分，我會根據季節使用釜炒茶或普通煎茶。

焙火曼哈頓
Roasted Rum Mantattan

45ml　焙茶蘭姆酒 ※ 見下方
5ml　　干邑白蘭地／丹尼爾柏玖 XO Daniel Bouju XO
15ml　安提卡芙蜜拉經典義式香艾酒 Carpano Antica Formula〔香艾酒〕
5ml　　朴依勉思義式香艾酒 Carpano Punt e Mes〔香艾酒〕

冰：無
杯子：雞尾酒杯
裝飾物：櫻桃（Griottines 或其他黑櫻桃）
製作方式：攪拌法

將材料加入品飲杯，預先混合。攪拌杯裝入冰塊，將預調好的材料淋過冰塊 1 圈倒入。攪拌後倒入雞尾酒杯。

這杯酒是使用焙茶的改編版曼哈頓。我使用深焙焙茶，薩凱帕的厚實甜感結合焙茶的苦味和焙火香，味道妙不可言。雖然光是這樣就很好喝了，但為了增加風味層次，我還加了高年份的干邑白蘭地。別名「黑干邑」（Black Cognac）的丹尼爾柏玖具有木質調風味，與焙茶的焙火香相得益彰。
酒譜與普通的曼哈頓一樣，使用了 2 種香艾酒，增添複雜度。這杯酒不只是焙茶味的曼哈頓，尾韻也交織了各式各樣的風味。整體味道和櫻桃也很搭，放個 2 顆櫻桃，邊喝邊吃也不錯。搭配巧克力也很合適，可以吃著巧克力，抽著雪茄，喝著這杯酒，享受至高無上的幸福組合。

Key ingredients

〔焙茶蘭姆酒〕
深焙焙茶（茶葉）　13g
蘭姆酒／薩凱帕 23 頂級蘭姆酒 Ron Zacapa 23　750ml

將焙茶茶葉浸泡於蘭姆酒一晚。第二天用濾網過濾掉茶葉後裝瓶，常溫保存（改用波本威士忌製作時，配方分量相同。建議選擇澀味較低，香草味較明顯的波本威士忌）。

綠茶古典雞尾酒
Green Tea Fashioned

30ml　波本威士忌／美格 Maker's Mark Red Top
15ml　威士忌／科沃裸麥威士忌 Koval Rye Single Barrel Whiskey
5ml　黑蜜
1.2g　抹茶
0.2ml　巴布巧克力苦精 Bob's Chocolate Bitters
0.2ml　巴布香草苦精 Bob's Vanilla Bitters
——　金箔

冰：岩石冰 1 顆
杯子：古典杯
製作方式：搖盪法

將所有材料加入搖酒器，用奶泡機充分攪拌。加冰搖盪，用細目濾網過濾後倒入古典杯。冰塊表面放上金箔。

這杯酒是抹茶口味的古典雞尾酒。優質的抹茶含有豐富的茶胺酸（胺基酸），濃縮了鮮味。抹茶等級愈低，可能出現更多苦味和澀感（因為兒茶素含量較高），但這不完全是壞事，重點是配合調酒，選擇甜度較高或帶澀感的抹茶；但別使用茶道練習用的簡易版抹茶。這杯調酒應盡可能使用等級高一點的抹茶，我用的抹茶，價位落在 3000 日圓／ 30g 左右。以顏色漂亮，甜感醇厚的抹茶為佳，每杯也用上足足 1.2g 的抹茶。如果減少用量，或使用較低品質的抹茶，廉價感將無所遁形。只要抹茶味夠紮實、夠濃郁，口感和尾韻也將截然不同。

基酒部分，我選擇木桶味較淡、澀感較低的波本威士忌。我思考過抹茶適合搭配什麼樣的威士忌，最後認為只需要滿足「香草香氣」、「木桶味溫和」兩點即可。如果桶味太重，可能會讓抹茶喝起來變澀。而波本威士忌的香草、可可等風味，則和抹茶相得益彰。

若改用山崎日本威士忌，甜味會更強，因此可以稍微減少黑蜜的用量，大約減少至 3ml 左右。抹茶與煙燻味意外地合拍，加入少量艾雷島威士忌也很美味。甜味的部分，除了黑蜜，香草糖漿、楓糖漿也很適合。至於苦精則依個人口味而定，改用與抹茶相配的小豆蔻、柑橘苦精也很有趣。

此外，混合抹茶與其他材料時，可以使用茶筅，不過抹茶在常溫下不易溶解，因此請充分攪拌。

焙茶尾酒

茉莉花茶尾酒   梨山茶尾酒

焙茶尾酒
Roasted Teatail

60ml 焙茶 *
8ml 勃艮地飛利浦 Philippe de BourgogneCrème di Cassis〔黑醋栗利口酒〕
10ml 道斯波特 1985 年 Dow's Port〔波特酒〕
5ml 干邑白蘭地／丹尼爾柏玖 XO Daniel Bouju XO

冰：無
杯子：紅酒杯（鬱金香型勃艮地杯）
製作方式：攪拌法

沖泡焙茶，急速冷卻。將丹尼爾柏玖倒入紅酒杯，轉動杯身讓酒液潤濕杯壁。將焙茶與其他材料加入裝了冰塊的攪拌杯，攪拌後緩緩倒入紅酒杯。

〔焙茶的沖泡方法〕※ 因為用於調酒，所以泡得比較濃。
焙茶茶葉 4g
開水 80ml/95℃
沖泡時間：2 分鐘
　1.將開水注入茶壺，然後倒掉。
　2.將茶葉放入茶壺，注入 80ml 的熱水。
　3.等待 2 分鐘後將茶湯倒入容器。
　4.再次注入相同分量的開水，這次泡 1 分鐘即可將茶湯倒入容器。

焙茶的香氣很有特色，而且不同烘焙程度的香氣也不一樣，這一點和咖啡很像。我會配合調酒使用不同焙度的茶葉，這杯用的是深焙焙茶，並根據其性質選擇搭配的材料。焙茶的風味可以分成幾種路線，其中一種是帶巧克力或香草的調性，另一種則是適合搭配杏桃或無花果的果香調。這次我是以前者的路線構思配方，這種路線的焙茶直接與巧克力混合也很不錯，不過我是從「巧克力 × 莓果」的組合開始聯想，所以最後是用莓果搭配焙茶，形成一杯略帶苦味、滋味成熟的調酒，而不是甜膩莓果調酒或酸酸的調酒。
太輕盈的波特酒無法增加整杯酒的厚實度，因此最好選擇熟成 20 年以上的陳年波特酒。
這杯酒的味道與巧克力相當合拍，建議搭配巧克力戚風蛋糕或玫瑰味的含餡巧克力。

茉莉花茶尾酒

Jasmin Teatail

〔酒譜 1〕

50m　茉莉花茶 *

10ml　聖杰曼 St.Germain〔接骨木花利口酒〕

20ml　奶洗風味液 ※p.267

10ml　西洋梨風味伏特加／灰雁西洋梨伏特加 Grey Goose La Poire

5ml　　卡爾瓦多斯／雷摩頓 1972 Lemorton

冰：無

杯子：紅酒杯（鬱金香型勃艮地杯）

製作方式：攪拌法

沖泡茉莉花茶，急速冷卻。將卡爾瓦多斯倒入紅酒杯，轉動杯身讓酒液潤濕杯壁。將茉莉花茶與其他材料加入裝了冰塊的攪拌杯，攪拌後緩緩倒入紅酒杯。

〔酒譜 2〕

40ml　茉莉花茶 *

30ml　天吹生 純米大吟釀

10ml　聖杰曼 St.Germain〔接骨木花利口酒〕

10ml　奶洗風味液 ※p.267

將所有材料倒入裝了冰塊的攪拌杯，攪拌後倒入紅酒杯。

〔茉莉花茶的沖泡方法〕

茉莉花茶茶葉　2g

開水　80ml/95℃

沖泡時間：3 分鐘

　　1. 將開水注入茶壺，然後倒掉。

　　2. 將茶葉放入茶壺，注入熱水，然後倒掉。

　　3. 注入 80ml 的熱水，蓋上蓋子，用熱水澆淋茶壺。

　　4. 等待 3 分鐘，將茶湯倒入容器。接著按同樣的做法泡到第 3 泡。

這杯酒使用的茉莉花茶相當奢侈，綠茶部分僅使用綠茶茶葉的嫩芽，而且還混合了兩種中國茶葉，一種來自雲南省的自然農法茶園，口味飽滿、尾韻醇厚；一種來自福建省，口感圓潤且溫和。整體喝起來幾乎沒有苦味，香氣非常新鮮，味道與眾不同。我有好幾份茉莉花茶尾酒有的酒譜，這裡介紹其中兩份較具代表性的例子。

第一份酒譜使用了與茉莉花茶很合拍的接骨木花、乳酸風味的奶洗風味液，再用雷摩頓裹住所有風味；另一份酒譜則是茉莉花茶與純米大吟釀的組合，兩者都具有黃綠色系材料的香氣，大吟釀帶有甜瓜般的果香和花香，與茉莉花、接骨木花等花朵風味相當契合。而要裹住這些香氣，比起干邑白蘭地，用蘋果或梨子製作的卡爾瓦多斯更為合適。

梨山茶尾酒
Li-shang Teatail

60ml　梨山茶 *
10ml　蜜桃利口酒／瑪蓮侯芙 MarienhofPfirsichLikör
5ml　　雅馬邑白蘭地／波瓦聶赫莊園白福爾 1995
　　　 Domaine BoignèresFolle Blanche1995

冰：無
杯子：紅酒杯（鬱金香型勃艮地杯）
製作方式：攪拌法

沖泡梨山茶，倒入 Tin 杯或其他容器，浸入冰水急速冷卻。將雅馬邑白蘭地倒入紅酒杯，轉動杯身讓酒液潤濕杯壁。將梨山茶與蜜桃利口酒加入裝了冰塊的攪拌杯，攪拌後緩緩倒入紅酒杯。

〔梨山茶的沖泡方法〕
梨山茶茶葉　　2g
開水　　70ml/95℃
沖泡時間：3 分鐘
　1. 將開水注入茶壺，然後倒掉。
　2. 將茶葉放入茶壺，注入約 50ml 的熱水，然後馬上倒掉熱水。
　3. 注入 70ml 的熱水，蓋上蓋子，用熱水澆淋茶壺。
　4. 等待 3 分鐘後，將茶湯倒入容器。接著按同樣的做法泡到第 3 泡。

梨山茶是台灣的頂級烏龍茶，栽種於海拔 2400m 以上的高山，在高山植物的生長環境下成長，使得茶葉帶有花香與馥郁的果香。這類香氣最適合搭配白色水果，瑪蓮侯芙的天然蜜桃利口酒可以加強梨山茶的果香，波瓦聶赫莊園則不和其他材料混合，而是取少量潤濕杯壁，作用是用高年份雅馬邑白蘭地獨特的醇厚香氣，包裹這杯梨山茶

與蜜桃的調酒。這款白蘭地，光看名稱感覺是一款無法用來調酒的高檔酒，但只用5ml 是沒問題的。這杯酒是在輕盈的口感中取得平衡的香氣，而這正是茶尾酒獨一無二的特點。

使用勃根地紅酒杯，可以充分享受調酒飄出的香氣，還有隨著時間變化的風味。先靜靜地將鼻子湊近杯口，感受雅馬邑白蘭地的醇厚香氣，然後慢慢品嘗第一口。接著，轉動杯子，讓杯內的香氣散開，使雅馬邑白蘭地原本飄散的香氣與液體混合。這麼一來，從第二口開始味道就會改變。接下來就可以享受味道與香氣隨著時間流逝的變化。這杯調酒可以嘗到 4 ～ 5 種風味變化，就像萬花筒一樣。茶葉、基酒、表現香氣的高年份烈酒，這樣的架構可以創造出無數種調酒。

百合&金芒
Lilly & Gold

35ml　伏特加／灰雁伏特加 Grey Goose
1.0g　抹茶
20ml　百香果果泥
30ml　椰子水
10ml　香草糖漿 ※p.262
──　金箔

冰：無
杯子：雞尾酒杯
製作方式：搖盪法

將所有材料加入搖酒器，用奶泡機充分攪拌。加冰搖盪，再用細目濾網過濾後倒入杯中。表面放上金箔。

這是我替某珠寶銀樓的開幕派對所設計的調酒，概念是「以銀座為主題的調酒」。銀座古代是鑄造銀錠的地區，近代以來更成為日本流行薈萃之地，是一座融合了應當守護的傳統和新時代潮流的城市。我依循銀座的歷史沿革，希望使用日本傳統的抹茶，調出嶄新的味道，來表現銀座的風貌。

抹茶搭配百香果的靈感，來自巧克力專賣店「ES KOYAMA」小山進主廚的含餡巧克力。我再用椰子水和香草糖漿平衡甜感。抹茶和酸味的組合十分有趣，但不適用於味道太苦的抹茶。假如抹茶味道太淡，或百香果味道太濃，都會導致酸味凸出，抹茶味消失。如果香草的味道太重，整體印象則會變得稍嫌甜膩。所以這幾項材料間的平衡非常重要。

某位法國客人喝了這杯酒後，表示「有 5 月百合的香氣」，因此我將這杯酒命名為白合（Lilly），加上金芒（Gold）代表傳統事物展現的全新光輝。也可以不使用伏特加，做成無酒精調酒。

烤芒果可樂達
Baked Mango Colada

40ml	加賀棒茶蘭姆酒 ※p.259
	〔參照焙茶蘭姆酒〕
1/4 顆	愛文芒果（若不夠成熟可再
	添加 10 ～ 15ml 的果泥）
15ml	可可碎粒 & 香草糖漿
	※p.264
30ml	鮮奶油
——	椰蓉

冰：無
杯子：雙層玻璃杯
製作方式：混合法

將所有材料加入 Tin 杯，加入約 20g
碎冰，用手持式均質機攪拌後倒入杯
中。表面放上椰蓉。

以焙茶（加賀棒茶）和芒果改編的鳳梨可樂達。在焙茶與各種材料的搭配中，焙茶、
芒果、香草的組合簡直無與倫比，無論做成甜點、冰沙還是糖果，都是萬人迷的滋味。
焙茶選擇深焙或中焙的程度比較合適。基酒不一定要用薩凱帕，改用其他不同個性的
深色蘭姆酒或金色蘭姆酒也很美味。

抹茶教父

Matcha God Father

10ml 威士忌／白州無年份
10ml 杏仁利口酒
3ml 黑蜜
2g 抹茶
60ml 熱水（60℃）

冰：無
杯子：抹茶碗
製作方式：茶筅

將白州、杏仁利口酒和黑蜜倒入杯中
預先混合。將熱水倒入抹茶碗，然後
倒掉。用濾網將抹茶粉過篩後加入抹
茶碗，再倒入熱水，用茶筅點茶（攪
拌）。分 2 次加入預調好的材料，
點茶。

這是本集團經典調酒總監伊藤學構思的「抹茶經典調酒」之一。教父本身是一杯口感
豐厚，酒感也很厚重的調酒，單純加入抹茶也很美味，不過使用點茶的方式調製，可
以讓威士忌和杏仁酒的香氣更加柔和。這杯酒雖然降低了酒精濃度，提高易飲性，但
仍能嘗到教父的風味。
各位讀者也可以看到，這杯酒的外觀就像一杯抹茶，不過喝起來卻能感受到適度的威
士忌韻味，還有抹茶裏著杏仁酒的甜美，並於口中漫開。調製這杯酒的訣竅在於點茶
要確實，其他材料也要事先混合。以供應溫度來說，這杯酒並不算熱調酒，入口溫度
恰到好處。抹茶的部分，應使用鮮味紮實、苦味較少的抹茶。
我認為抹茶調酒應力求簡單，才能充分體現茶本身的美味。

梨山茶＆晴王麝香葡萄
Li-shangTea & Muscat

40ml　梨山茶伏特加 ※p.255
4 粒　晴王麝香葡萄
10ml　檸檬汁
8ml　簡易糖漿
20ml　梨山茶（使用 95℃的熱水沖泡後迅速冷卻。泡茶方法請見 p.204）

冰：無
杯子：紅酒杯
製作方式：搖盪法

將所有材料加入 Tin 杯，用手持式均質機攪拌。加冰搖盪，用細目濾網過濾後倒入杯中。

台灣的高山烏龍茶、梨山茶帶有柑橘類水果般馥郁的清香，味道甘甜有層次，沒有一絲澀味。印象上，這杯調酒是以麝香葡萄為主體，周圍瀰漫著梨山茶的風味。關鍵在於添加少量的茶湯（用 95℃的熱水仔細沖泡後急速冷卻），可以加強整杯酒的茶味。雖然茶湯本身味道沒那麼濃郁，但只要加入 10 ～ 20ml，整杯調酒的骨架就會變得很清楚，麝香葡萄的風味輪廓也會變得很鮮明。
這個方法也適用於其他台灣烏龍茶。順帶一提，焙火較重的蜜香烏龍茶，則比較適合搭配桃子、蘋果。阿里山茶帶有牛奶般的乳酸香氣，添加 1tsp. 的奶洗風味液可以強調這項特色，使整體風味更加平衡。台灣茶博大精深，不妨有系統地嘗試不同焙火、不同品種之間的差異。

玉露套餐
Gyokuro Course

■玉露第 1 泡
茶葉　8g
溫水　25ml/40℃
萃取時間：3 分鐘
杯子：利口酒杯

將茶葉放入寶瓶（泡玉露的茶具，外型似盤，有蓋子），注入熱水，靜置 3 分鐘。將茶湯一滴不剩地注入杯中，約 10ml。

■玉露第 2 泡＝調酒
熱水　70ml/55℃
萃取時間：3 分鐘

60ml　玉露茶
10ml　畢麗特莉格烏茲塔明那 Pillitteri Gewurztraminer〔冰酒〕
5ml　　威士忌／拉弗格汪洋 Laphroaig An CuanMòr

杯子：紅酒杯

第 2 泡玉露泡好後迅速冷卻。將拉弗格加入酒杯，轉動杯身讓酒液潤濕杯壁。將玉露茶和冰酒加入裝了冰塊的攪拌杯，攪拌後緩緩倒入杯中。

■玉露第 3 泡
熱水　120ml/80℃
萃取時間：2 分鐘
燻製牡蠣醬油　適量
杯子：玉露茶碗

將熱水注入寶瓶，靜置 2 分鐘後將茶湯倒入茶碗。取出茶葉，盛在小碟子上，淋上適量的燻製牡蠣醬油，供客人一起享用。

櫻井焙茶研究所（位於表參道）的櫻井真也先生教了我許多茶的知識，我參考櫻井先生供應玉露的方式，設計了總共 3 泡的玉露套餐，中間安插一杯調酒。
首先是以滴茶（雫茶／うま味茶）形式，讓客人充分品味玉露的甘甜。以少量的溫水萃取 3 分鐘後，直接品嘗。與其說是用喝的，更像是用舌頭品味。滴茶可以感受到濃縮的玉露鮮味，風味濃郁得甚至不像在喝茶。

第 2 泡提高水溫、增加水量，萃取出更多兒茶素，改變茶湯的味道。本套餐的第 2 泡玉露是做成調酒；開發這杯酒的過程實屬不易，無論加入琴酒、蘭姆酒、威士忌、香艾酒還是利口酒，都無法體現玉露的美味，總感覺玉露的茶胺酸會排斥其他材料，不接受其他甜味，而酒精感又會破壞玉露的味道。若試圖加入酸味隱藏酒感，玉露的味道則會消失無蹤，屢試不爽。幾經嘗試後，我察覺玉露的香氣與岩岸、海苔的氣味相似，而最接近這種調性的酒是拉弗格的汪洋。我也試過其他艾雷島威士忌，但表現最好的還是加入少量汪洋的情況。不過，似乎還缺了一點什麼，於是我開始尋找其他的可能性。我嘗試過加入一點索甸貴腐酒，但感覺不太搭調。後來改用畢麗特莉的冰酒，發現只有冰酒的甜味與茶胺酸搭配得宜，酒譜才終於大功告成。

品嘗這杯酒時，先嗅聞香氣，感受艾雷島威士忌的煙燻味，再慢慢飲用，一反煙燻氣息的清爽滋味勢必會令人吃上一驚。接著，稍微轉動杯子，讓杯內的香氣散開，使拉弗格原本飄散的香氣與液體混合。這麼一來，從第二口開始味道就會改變。接下來就可以享受味道與香氣隨著時間流逝的變化。

第 3 泡使用 80℃ 的熱水，泡出一杯大家熟悉的茶作為收尾。最後再吃滴了少許燻製牡蠣醬油的茶葉。茶葉含有 13 種維生素中的 12 種成分，但其中有一半不溶於水，因此無法透過飲用茶湯攝取。直接食用茶葉，攝取茶葉含有的維生素，也是一種傳統的品茶方式。

7 | 咖啡調酒
Coffee cocktail

長久以來，咖啡調酒都是指愛爾蘭咖啡和咖啡馬丁尼。然而，精品咖啡的出現改變了這個情況。咖啡的風味也像葡萄酒一樣複雜，具有水果調性。如今咖啡師的圈子也積極研究、分享發揮了咖啡多樣性的調酒，甚至有人說「咖啡調酒就是第四波咖啡浪潮」。咖啡的產地、烘焙、保存、萃取方式變幻莫測，調酒師要靈活運用咖啡一點也不容易，但其中存在著巨大的未來和潛力。本節介紹了許多我們與咖啡師合作多年下來共同創作的咖啡調酒，材料組合方面絕對沒有問題，而且還能衍生出其他酒譜。

佩里格冰咖啡
Ice Perigord Coffee

10ml　肥肝伏特加 ※p.250
10ml　零陵香豆蘭姆酒 ※p.256
5ml　　香草糖漿
60ml　冷萃咖啡（衣索比亞黃蜜）
40ml　鮮奶油（打至 6 分發）

冰：無
杯子：紅酒杯（鬱金香型勃根地杯）
製作方式：攪拌法

將鮮奶油以外的材料加入攪拌杯，輕輕拌勻。加入 2 顆冰塊（方塊冰）慢慢攪拌。攪拌約 10 次即可，以免過度冷卻。將酒液倒入紅酒杯，再輕輕倒入鮮奶油，讓鮮奶油漂浮在表面。

這杯酒的設計概念為冰的愛爾蘭咖啡。

自第三波咖啡浪潮以來，許多單品咖啡豐潤而奔放的氣味，都讓人聯想到葡萄酒。但是，咖啡處理過程畢竟經過加熱，難免氧化得較快，因此我總覺得飲用咖啡時，無法享受其 100%的香氣潛力。但是，將現泡的精品咖啡冷卻至 55℃左右，用紅酒杯盛裝時，可以聞到華麗的百合花和豐沛的水果香。我實在很想表現這種感動，於是設計了這杯調酒。酒的作用只是點綴咖啡本身的堅果風味。不要干擾咖啡本身的風味，只是稍微添補味道。而且還可以選擇不同的酒，形成不同的風味。表面的鮮奶油打至 6 分發的程度，覆蓋一半的液面，稍微防止表面的咖啡氧化，同時讓香氣充斥紅酒杯。

在愛爾蘭咖啡、咖啡馬丁尼之後，再難看到代表性的咖啡調酒問世」。咖啡調酒難就難在，咖啡品質日益細膩，用於調酒勢必會折損其細膩的風味，因此開發精品咖啡調酒實在教人傷透腦筋。但是，人人都相信咖啡調酒潛藏巨大的潛力。重要的是，要使用濃縮咖啡、手沖咖啡、冷萃咖啡，還是花式咖啡？又，要作為哪一項要素使用？咖啡本身的風味很強烈，通常會擺在主角的位置，但其實也可以當作點綴風味的材料。不同的咖啡豆，性質也不一樣。我認為未來咖啡調酒將百花齊放，不過太複雜的組合仍會被淘汰，簡單的才會留下來。

梨在咖啡
Pear in the Coffee

40ml　西洋梨風味伏特加／灰雁西洋梨伏特加 Grey Goose La Poire
15ml　冷萃椰子咖啡 ※ 見下方
20ml　西洋梨果泥（或 1/5 顆西洋梨）
10ml　檸檬汁
8ml　　肉桂糖漿 ※p.261

冰：無
杯子：雞尾酒杯
製作方式：搖盪法

將所有材料加入搖酒器，用手持式均質機充分攪拌。加冰搖盪，用細目濾網過濾後倒入杯中。

〔冷萃椰子咖啡的沖泡方式〕
咖啡豆　20g
椰子水　330ml（建議使用珀綠雅牌）

將中研磨的咖啡粉與椰子水放入冰滴壺，花大約 10 小時萃取。或直接將咖啡粉與椰子水混合後冷藏浸泡約 12 小時，再用濾紙過濾，裝入密封的容器，冷藏保存。最多可保存 4 天，最佳風味保存期限則為 3 天。

這杯調酒旨在「透過尾韻呈現精品咖啡乾淨的風味」。以往的咖啡調酒幾乎都是以咖啡的烘焙香氣為主，這杯酒則是以精品咖啡的果香為主角，我想表現出潛藏在水果中的滋味。
我試過搭配覆盆子、香蕉、杏桃、桃子、芒果，不過西洋梨特別適合。西洋梨、咖啡、肉桂……我一看就肯定三者合拍，因為吃西洋梨布丁或水果塔時，搭配咖啡也十分美味！接下來要考慮風味平衡。濃縮咖啡的風味太濃烈，冷萃咖啡則稍嫌淡薄，所以我嘗試用椰子水萃取，發現這樣味道非常棒。珀綠雅（Pearl Royal）牌的椰子水，味道最接近東南亞當地喝的新鮮椰子水。也要根據使用材料的甜味和咖啡酸味的平衡，選擇合適的咖啡豆。以酒譜中的咖啡用量來說，咖啡的味道約莫會在入口 3 秒後浮現。調整咖啡的用量，就能調整咖啡風味的強度。

咖啡可樂達費斯

Café Colada Fizz

45ml　蘭姆酒／外交官精選珍藏 DiplomaticoReserva
1/8 顆　鳳梨
1shot　濃縮咖啡（使用酸度較高的咖啡豆）
10ml　香草糖漿
20ml　椰子水
50ml　氣泡水

冰：實心硬冰
杯子：平底長杯或 tiki 杯
裝飾物：櫻桃、乾鳳梨片、薄荷、糖粉
製作方式：搖盪法

現煮濃縮咖啡並急速冷卻。將氣泡水以外的材料加入 Tin 杯，用手持式均質機攪拌。加冰搖盪，用細目濾網過濾後倒入杯中。補滿氣泡水，輕輕攪拌。放上用雞尾酒針串起的櫻桃、乾鳳梨片、薄荷，撒上糖粉。

這是濃縮咖啡版本的鳳梨可樂達。基本架構是鳳梨可樂達，不過另外加入了濃縮咖啡和氣泡水，做成適合炎炎夏日在戶外享用的涼飲。基酒若改為白蘭姆酒，口感會更清爽；改成香料蘭姆酒，風味會更複雜。濃縮咖啡不只為這杯酒帶來苦味，也負責了酸味的部分。選擇咖啡豆與萃取方式時，要考量到與其他材料的甜味能否達到平衡。帶有適度酸味的咖啡，可以與其他材料的甜味取得平衡，讓整體喝起來更美味。
如果想要調得更接近原版鳳梨可樂達的味道，可以將椰子水換成椰奶。這樣就能調出一杯口感濃郁又好喝的咖啡可樂達。

墨式咖啡菲麗普
Mexican Espresso Flip

45ml	龍舌蘭／唐・胡立歐 Don Julio reposado
1shot	濃縮咖啡（阿拉比卡種，重烘焙）
15ml	富蘭葛利 Frangelico〔榛果利口酒〕
15ml	健力士糖漿 ※p:263
1 顆	蛋黃
100ml	皮爾森或艾爾啤酒
──	肉荳蔻

冰：實心硬冰（依喜好）
杯子：古典咖啡杯或碟形雞尾酒杯
製作方式：拋接法

現煮濃縮咖啡並急速冷卻。將啤酒以外的材料加入 Tin 杯，用手持式均質機（或打蛋器）攪拌均勻。倒入啤酒，拋接約 6 次後，倒入杯中。削上肉荳蔻。

菲麗普（flip）是一種將砂糖和蛋加入烈酒或葡萄酒混合而成的調酒，酒譜變化多端，例如波特菲麗普（Port Flip）、白蘭地菲麗普（Brandy Flip）。其歷史可追溯至 1695 年的一則酒譜：「將蘭姆酒、砂糖和啤酒混合後，放入一根燒熱的鐵棒加熱」，流傳到後來，蛋取代了啤酒。傑瑞・托馬斯的《調酒師指南》（1862 年）記載，菲麗普的基礎是取兩個容器將調酒倒過來倒過去（即拋接法），並可依喜好添加甜味劑和香料，增加滑順的口感。如今，鐵棒加熱法與拋接法等技巧也應用於其他調酒。

這杯調酒也是將上述構想與材料重組的改編版啤酒菲麗普，保留了烈酒、蛋、啤酒、砂糖，額外添加了濃縮咖啡。實際上，我是先以風味最強勁的濃縮咖啡作為主要材料，決定搭配風味合拍的榛果利口酒（富蘭葛利）和味道醇厚的健力士糖漿，然後選擇熟成過的龍舌蘭作為基酒。飲用時，中段到尾段都能感受到龍舌蘭酒的餘韻。我希望打造層次分明的風味。這杯酒的重點是複雜度與厚實感，改用陳年波特酒、蘭姆酒、干邑白蘭地也不錯。

我試過幾種啤酒，皮爾森（pilsener）是最清爽易飲的選擇。如果使用司陶特（stout），整體會變得太厚重，而 IPA 則太強調苦味。由於這杯酒含蛋與濃縮咖啡，整體口感最好做得輕盈一點，才能毫無負擔喝到最後。

冰山咖啡
Iceberg Coffee

15ml　梅茲卡爾／皮耶亞曼狹葉 Pierde Al mas "Espadin"
15ml　聖杰曼 St.Germain〔接骨木花利口酒〕
5ml　龍舌蘭糖漿
120ml　冷萃咖啡（哥斯達黎加，Herbazu 黃蜜）
30ml　鮮奶油

冰：實心硬冰
杯子：平底長杯
製作方式：直調法

依序將鮮奶油以外的材料加入杯中，輕輕攪拌。依個人口味添加鮮奶油。

我們店裡原本沒有類似冰咖啡的調酒，所以才開發了這一杯，外觀上幾乎和冰咖啡沒兩樣。

這杯酒的概念來自用茶調製的雞尾酒。使用煎茶或焙茶時，必須謹慎控制酒精材料的用量，才能保留茶本身細膩的口感。接著還要尋找能輔助或烘托茶味的材料，唯有所有材料調和得恰如其分，才能抑制酒感。

當初，我先仔細嗅聞咖啡的香氣，摸索適合搭配的材料，逐一嘗試候補選項，最後找到了梅茲卡爾。接著考量到這支豆子帶有花香，於是加入調性相符的聖杰曼。後來無論再加什麼，就連酒精濃度較低的苦精，也會破壞風味平衡，所以最後材料就定調為以上三項。最後再加入龍舌蘭糖漿增加飽滿度、抑制酒感、平衡冷萃咖啡的酸味，至此大功告成。甜味的部分，改用香草或堅果類糖漿也不錯。加入鮮奶油可以讓口感更柔和，外觀也更像冰咖啡。這杯酒非常適合夏天享用。

另外，黃蜜（yellow honey）是咖啡的一種處理法，將咖啡櫻桃採收下來後，去除果肉，保留果膠（mucilage），跳過發酵程序，直接乾燥。這種方法可以讓果膠的甜味轉移到豆子上，使咖啡豆帶有蜂蜜般獨特的厚實感與香氣；而這在水洗處理法的咖啡中很難喝到。

8 | 日本傳統酒調酒
Japanese spirits & sake

當今，日本的清酒和蒸餾酒百花齊放。清酒的釀造方式日新月異，開始追求風土特色，自然農法意識也逐漸抬頭；蒸餾酒方面，日本的琴酒更是方興未艾。本書關注的焦點是燒酎和泡盛。現在，日本各地都開始使用米、地瓜（芋）、大麥和各式各樣的原料製作燒酎，沒有其他烈酒能像燒酎一樣，展現出如此豐富的風味。不久的將來，燒酎必能成為全球調酒界的基酒選擇之一。雖然本書僅介紹了部分的燒酎調酒，但燒酎調酒可是具備足以出一部專書來探討的潛力。日本人使用日本的蒸餾酒製作調酒，這是再自然不過的事情。當然，燒酎有優點也有缺點，請讀者務必掌握這些特徵。

未命名

Untitled

45ml　仙禽 Organic Naturedeux〔純米酒〕
5ml　白波特酒／葛拉漢 Graham's
3ml　杏桃利口酒／瑪蓮侯芙 Marienhof MarillenLikor
5ml　精釀白蘭地／伯恩濟貧醫院 Hospices de Beaune Fine※ 2009

〔No.2〕
50ml　仙禽 Organic Naturedeux〔清酒〕
5ml　Amontillado 雪莉酒／岡薩雷斯皮亞斯公爵 Gonzalez Byass "del Duque"
5ml　冷萃椰子咖啡 ※p.268
4drops　黑醋栗利口酒

冰：無
杯子：雞尾酒杯
製作方式：攪拌法

兩譜皆先將所有材料倒入純飲杯混合均勻，接著倒入裝了冰塊的攪拌杯，攪拌後倒入
雞尾酒杯。No.2 的最後再緩緩加入黑醋栗利口酒，讓利口酒沉澱於杯底。

自 2001 年左右開始，時不時便有人委託我製作「清酒調酒」。不過清酒是釀造酒，
性質上要調成調酒有些困難，我一直找不到方向。說到清酒的調酒，英國著名調酒
資訊網站「Difford's Guide」上有一杯「清酒馬丁尼」（Sake Martini），酒譜為
60ml 琴酒、60ml 純米酒、5ml 不甜香艾酒、裝飾 1 片青蘋果片（儘管後來出現許
多不同比例的版本，但基本材料幾乎都是這 3 樣）。不過現在的清酒香氣相當多元，
也有其他配方更能凸顯清酒的個性。我認為清酒馬丁尼應該更加關注清酒，而不是琴
酒。
直到 2018 年，我開發出茉莉花茶尾酒（p.204），才漸漸看出一個模糊的方向。我設
計茶尾酒時，印象上是「以細膩的茶香為主軸，包上干邑白蘭地的香氣」，這一次則
是「將清酒放在中心，輕輕抹上各種香氣」。核心依然是清酒的香氣；透過混合少量
的其他酒類，在保留清酒香氣的前提下，調出雞尾酒的味道。
基酒選用仙禽 Organic Nature deux。這是栃木縣仙禽酒造的自信之作，採用古法
釀造，完全不添加多餘的材料（僅使用米、米麴、水）。精米步合※為 90%。No.1
的酒譜，可以感受到鳳梨和成熟水果的香氣，以及柑橘類、乳酸的酸味。融合白波特
酒、杏桃利口酒、精釀白蘭地後，竟會形成類似奶油的香氣與滋味。No.2 的酒譜，
可以感受到果香，尾韻浮出咖啡的味道，最後滴入黑醋栗利口酒改變口味，讓整杯酒
像煙火一樣收尾。由於清酒的酒精濃度為 18%，因此只要混合少量的其他酒類，就
能像茶尾酒一樣創造出萬花筒般的複雜風味。

基酒使用什麼清酒、搭配什麼材料、比例如何，調整以上項目就能創造出無限多種變化。雖然這杯調酒的潛概念為「清酒馬丁尼 2.0」，但這畢竟還是一個新的領域，還無法正式為其命名，因此姑且稱之為「未命名」；不過我感覺，清酒調酒的未來就蘊藏其中。

※fine：使用不合乎葡萄酒釀造基準的葡萄，和過濾後殘留於桶中或槽中的葡萄酒與沉澱物，蒸餾而成的白蘭地。
※ 精米步合：釀造清酒時，米粒研磨過後留下的部分。精米步合 90%代表僅磨去 10%。

一生

One Life

40ml　茉莉花茶浸漬獺祭粕取燒酎 ※ 見下方
10ml　奶洗風味液 ※p.267
30ml　梅乃宿細果粒蘋果酒
10ml　酸葡萄汁風味糖漿 Coco Farm & Winery "Verjus"
1tsp.　檸檬汁
50ml　氣泡水
1tsp.　卡爾瓦多斯／麥格羅老爹 12 年 Père Magloire
──　食用花

冰：大方冰 1 塊
杯子：平底杯
製作方式：搖盪法

將卡爾瓦多斯以外的材料和冰塊加入搖酒器，搖盪，用細目濾網過濾後倒入杯中。注入氣泡水，輕輕攪拌。加入 1tsp. 卡爾瓦多斯漂浮在表面，將食用花放在冰塊上裝飾。

2018 年，我們集團開了一間專門供應日本蒸餾酒調酒的店鋪 Mixology Spirits Bang (k)。這杯酒就在該店的酒單上。
獺祭粕取燒酎是利用釀造清酒時榨過後剩餘的酒粕，再次發酵，再次蒸餾而成的酒，保留了獺祭清酒的吟釀香，還帶有果香，適合搭配花朵和白色水果。而且酒精濃度高達 39 度，非常適合當作調酒的基酒。調製時，可以搭配檸檬葉、薰衣草、玫瑰、檸檬香茅、檸檬馬鞭草等清新化香材料，也可以用浸漬方式增添風味。這杯酒是由茉莉花茶、吟釀香、蘋果、乳酸和酸葡萄汁組成，所有材料都相輔相成，很有整體感，口感清新宜人。

Key ingredients

〔茉莉花茶浸漬獺祭粕取燒酎〕
茉莉花茶葉　8g
獺祭粕取燒酎　720ml（1 瓶）

將茉莉花茶葉泡入獺祭粕取燒酎，常溫下浸漬 24 小時。隔日過濾後瓶裝，冷凍保存。

鹿兒島阿芙佳朵
Cangoxina Affogato

30ml	謳歌〔芋燒酎／宮崎，黑木本店〕
10ml	零陵香豆浸漬天使的誘惑
	〔芋燒酎／鹿兒島，西酒造〕
	※ 見右頁
1 顆	雞蛋
15ml	香草糖漿 ※p.262
1tsp.	甘麴（高木糀商店）
30ml	鮮奶油
1shot	濃縮咖啡（精品咖啡）
——	液態氮、可可碎粒

冰：無
杯子：雙層玻璃杯
製作方式：液態氮混合法

將濃縮咖啡、可可碎粒以外的材料加入小 Tin 杯，注入液態氮，用吧匙一邊攪拌一邊冷卻凝固。用冰淇淋勺挖取，盛杯，撒上適量可可碎粒。倒入現煮濃縮咖啡後供應。

這杯酒是以液態氮冷凍芋燒酎調製的蛋酒，再加入濃縮咖啡，做成阿芙佳朵的形式。芋燒酎、蛋和香草相當合拍，用搖盪法調成一般的蛋酒，或加熱做成熱蛋酒都不錯，這裡之所以做成冰淇淋狀，是因為我覺得「有芋燒酎香的冰品」很新奇。基酒最好選擇地瓜香氣較濃厚的芋燒酎。

「謳歌」的原料是玉茜地瓜，香氣沉穩，口感柔順。「天使的誘惑」是在橡木桶中熟成了 8 年的芋燒酎，我拿來浸漬零陵香豆，點綴一些不同的風味。零陵香豆的風味與含蛋的調酒十分契合。高木 商店的甘麴保留了米的口感，質地濃郁（稀釋後可以做成甘酒），營養價值也很高，最重要的是，和雞蛋、乳製品非常相配。

濃縮咖啡是這杯調酒相當重要的配角，加了咖啡使整體味道更完整。濃縮咖啡擔綱了「酸味」和「苦味」的角色，與調酒的「甜味」形成三角平衡。咖啡豆的選擇上，只要本身沒有焦味，酸味較強或苦味較重的咖啡都很合適。可可碎粒的口感也是一個亮

點，咬下去時可以感受到可可的風味迸發。另外，我也很推薦基酒改用培根伏特加，調出鹹香 × 冰淇淋 × 濃縮咖啡的驚奇組合。

Key ingredients

〔零陵香豆浸漬天使的誘惑〕
零陵香豆　4 粒
芋燒酎／天使的誘惑　750ml（1 瓶）

將零陵香豆浸泡於天使的誘惑，常溫下靜置 4 天。過濾後裝瓶，可以常溫保存。

古典雞尾酒：燒酎版
Old Fashioned: Sho-chu version

〔 Rice Old Fashioned 〕
45ml　十四代鬼兜米燒酎
1tsp.　香草糖漿 ※p.262
0.8ml　巴布巧克力苦精 Bob's Chocolate Bitters
──　柳橙片、黑橄欖

〔 Sweet Potato Old Fashioned 〕
45ml　桶陳中村〔將 2 公升的中村芋燒酎，放入 3 公升的美國橡木桶熟成 2 個月〕
1tsp.　龍舌蘭糖漿
10dashes　安格式苦精 Angostura bitters
──　乾柳橙片

〔 Barely Old Fashioned 〕
45ml　鶴之荷車〔麥燒酎〕
7ml　蜂蜜
1 粒　咖啡豆
2dashes　巴布巧克力苦精 Bob's Chocolate Bitters

〔 Brown Sugar Old Fashioned 〕
45ml　長雲大古酒〔黑糖燒酎〕
1tsp.　香草糖漿 ※p:262
0.8ml　巴布巧克力苦精 Bob's Chocolate Bitters
──　香草莢

〔 Awamori Old Fashioned 〕
45ml　請福 10 年〔泡盛〕
3ml　冷萃咖啡糖漿 ※p.265
2dashes　巴布豆蔻苦精 Bob's Cardamon Bitters
──　小豆蔻

冰：岩石冰
杯子：古典杯
製作方式：攪拌法

麥燒酎版本以外的調製方法：將所有材料加入品飲杯混合，再倒入裝了冰塊的攪拌
杯，攪拌後倒入杯中。

> 麥燒酎版本的調製方法：將蜂蜜和咖啡豆加入 Tin 杯，用噴槍炙燒。倒入鶴之荷車，
> 拌勻後倒入裝了冰塊的攪拌杯，注入苦精，攪拌後倒入古典杯。

這系列是以燒酎為基底調製的古典雞尾酒。

米燒酎、芋燒酎、麥燒酎、黑糖燒酎、泡盛各有特色，製作方式也大相逕庭，熟成、
製麴的技術、原料、蒸餾方式，各方面都有人嘗試新的做法。現在的燒酎，風味範疇
相當廣泛，我也預測未來 10 年內燒酎會急遽改變。想要讓全世界了解燒酎如此多元
的個性，調酒將是至關重要的媒介。

◎ 14 代鬼兜是使用橡木桶陳年的蘭引燒酎。「蘭引」是江戶時代使用的一種蒸餾器，
構造上是將陶鍋疊成三層後加熱蒸餾。這款燒酎含有大量橡木桶釋出的香草醛，味道
非常圓潤。

◎中村酒造場的中村，是一款遵循古法製作的手工芋燒酎。蒸餾後裝入美國橡木桶熟
成，地瓜的甜味加上橡木的香草醛，產生了新的風味平衡。

◎鶴之荷車是熟成長達 15～20 年的麥燒酎。漫長的陳年，將大麥的香氣轉化為厚韻，
口感也更加圓熟。

◎長雲大古酒是 1986 年於奄美大島蒸餾並熟成 20 年的黑糖燒酎，口感柔順得驚人，
質地細膩，擁有異於陳年蘭姆酒的圓熟感。只需添加些許香草和巧克力調性就十分美
味。

◎請福 10 年是泡盛老酒（沖繩方言念作 KU-SU）。麴的特色已經淡化，喝起來非常
柔順，不像一般的泡盛。橡木桶熟成的香氣與咖啡相當契合，我還添加了適合搭配咖
啡的小豆蔻。

日本燒酎的原料風味非常明顯。雖然目前燒酎在陳年上還有一些限制，無法銷售長年
木桶熟成過的產品，但我相信未來仍有在世界舞台發光發熱的潛力。希望各位讀者也
可以嘗試用不同的品牌調製燒酎版的古典雞尾酒。

9 | 液態氮調酒
Liquid nitrogen cocktail

使用液態氮製作的霜凍調酒，統稱為液態氮調酒。自從開始使用液態氮，我幾乎不再使用以往的方法製作霜凍調酒。有些口感和味道，只有液態氮才做得出來。但也必須注意液態氮的使用方式，而且「不使用冰塊＝沒有融水」，因此成品的酒精感會更重。詳情請參閱第3章。使用液態氮，可以輕易改編經典調酒，例如液態氮莫西多；也能輕鬆將冰品的概念化為調酒。希望各位從「製作甜點」的觀點看待液態氮調酒。

諾曼第冰品

Normandie Ice

30ml　庫唐斯乳酪伏特加 ※p.251
30ml　鮮奶油
30ml　牛奶
15ml　索甸貴腐酒 Sauternes〔甜白酒〕
20ml　蜂蜜
10g　　蘋果片
──　　液態氮、鹽（鹽之花）

冰：無
杯子：古董銅杯或雙層玻璃杯
裝飾物：蘋果片
製作方式：液態氮混合法

蘋果切成極小的丁，將所有材料放入 Tin 杯，倒入液態氮冷凍，同時用吧匙攪拌。
盛入杯中，撒上些許鹽巴，再放上一片蘋果裝飾。

這是一杯結合了卡門貝爾乳酪和蘋果的冰調酒。
起初，我嘗試用蘋果汁結合卡門貝爾乳酪風味烈酒，但卡門貝爾乳酪的風味並沒有預
期的突出，香氣被埋沒，很難取得風味平衡。於是我開始思索「如何製作以卡門貝爾
風味為主的美味冰淇淋」，想到蘋果可以用「點」的方式摻雜其中，而非以「面」的
方式混合。使用液態氮將水果冰到適當的硬度時，像是冷凍橘子，果肉的口感會變脆。
基於這種感覺，我將蘋果切成丁，加入其他液體材料，然後用液態氮冷凍。如此一來，
蘋果丁就會散布於卡門貝爾乳酪調酒的各處，蘋果的味道和口感都成了調酒的點綴。
最後撒上的鹽，在入口瞬間會清楚勾勒出乳酪的香氣。雖然只是單純的鹽巴，但既能
提出甜味，也能呼應乳酪的鹹味，加以烘托乳酪的風味。

美味南瓜杯子蛋糕

Gastro Pumpkin Cup

30ml　肥肝伏特加 ※p.250
15ml　零陵香豆蘭姆酒 ※p.256
4tsp.　自製南瓜泥 ※ 見下方
20ml　鮮奶油
15ml　開心果糖漿 ※p.264
──　　液態氮、可可碎粒

冰：無
杯子：鴕鳥蛋殼、古董杯
製作方式：液態氮混合法

將可可碎粒以外的所有材料加入 Tin 杯，倒入液態氮冷凍，同時用吧匙攪拌。盛入杯中，撒上可可碎粒。

我只會在南瓜很好吃的季節製作這杯酒。基礎概念是南瓜冰淇淋，我先構思配方，再將南瓜、蛋、牛奶和砂糖排列組合，或抽換材料，試圖做出更飽滿的風味。首先，我以肥肝和南瓜作為基礎，這個組合放在飲料上令人意外，不過肥肝的堅果調性與南瓜相得益彰。然後再加入帶有杏仁風味的零陵香豆浸漬薩凱帕蘭姆酒，用鮮奶油延展風味，加入開心果糖漿點綴甜味並統整風味。至此已經有 3 種風味，所以不需要再弄得更複雜，只需要調整材料比例。

即使改用一般的搖盪法，也能做出口感清爽但層次複雜的南瓜馬丁尼。可可碎粒可以點綴口感和風味。這杯調酒非常適合搭配巧克力，供應時附上一塊餅乾也不錯。

Key ingredients

〔自製南瓜泥〕
南瓜　　100g

1. 南瓜去籽、去瓤、去皮，切成 1.5cm 大的塊狀。裝入耐熱容器，加入水（1 ～ 3 大匙）和 1 撮鹽，拌勻。蓋上保鮮膜，放入微波爐，用 600W 加熱 5 分鐘。
2. 用壓泥器將南瓜壓碎至喜歡的軟硬度，裝入容器後冷藏保存，或分裝後真空包裝並冷凍保存。

液態氮莫西多

Nitro Mojito

30ml 蘭姆酒／百加得蘭姆酒（白）Bacardi Rum Superior
15ml 萊姆汁
20ml 葡萄柚汁
2tsp. 綜合砂糖
15 片 薄荷葉
—— 氣泡水、液態氮

冰：無
杯子：鳳梨造型杯、平底杯
裝飾物：鳳梨（當季的水果）
製作方式：液態氮混合法

將薄荷放入 Tin 杯，注入分量足以覆蓋薄荷的液態氮，拿搗棒將薄荷搗成粉末。取另一個 Tin 杯，加入蘭姆酒、萊姆汁、葡萄柚汁、綜合砂糖，確實溶解砂糖。接著加入冷凍薄荷粉，注入適量的液態氮，冷凍同時用吧匙攪拌。待酒液適當結凍，即可盛入杯具，放上薄荷裝飾。另外倒一杯氣泡水，並附上水果。

用液態氮製作一杯「用吃的莫西多」。薄荷用液態氮冷凍變脆後再搗成粉末，風味會比使用新鮮薄荷濃烈許多。吃一口雪酪狀的「濃郁薄荷味莫西多」，再配一口氣泡水，就能在嘴中調出「莫西多」。第二口搭配水果一起吃，再配一口氣泡水，便成了「水果莫西多」。這份酒譜有很多種變化，氣泡水可以換成義大利氣泡酒、香檳或風味氣泡水，水果也可以換成其他種類，而薄荷同樣可以換成羅勒。

將調酒用液態氮做成雪酪狀時，有一點要注意，若按照原始配方直接冷凍，酒精感會非常濃烈。調酒通常需要加冰塊搖盪或攪拌，但使用液態氮冷凍時，不會添加任何水分，因此，調製時需要直接做成混合完成且易飲的狀態，即想像將搖盪完成的調酒直接冷凍，或加了碎冰做成霜凍調酒的狀態。這裡我用了葡萄柚汁來延展風味，不過新鮮椰子水或新鮮甘蔗汁的風味最合適。

第 5 章

科學調酒的自製材料

1. 蒸餾風味烈酒

■使用旋轉蒸發儀，蒸餾「烈酒＋香氣材料」。蒸餾時分離出多少水，就補多少水至取得的蒸餾液，還原酒精度再裝瓶。

■以下皆是以使用旋轉蒸發儀為前提設計的配方。我使用的機器有防止突沸的感應器，因此初始氣壓設定為30mbar*，如果要手動控制突沸（假設液體溫度為常溫），請以「150mbar」作為初始設定，一面觀察液體狀況一面逐漸降低氣壓，當沸騰的泡沫變大時，再設定為「30mbar」。

山葵伏特加／山葵琴酒

山葵　150g
伏特加／詩珞珂　Cîroc　700ml
礦泉水　150ml

1　稍微削掉山葵的皮後磨成泥，加入伏特加。
2　立刻放入蒸發儀的燒瓶，進行蒸餾。氣壓設定為30mbar*，水浴鍋40℃，轉速180〜240rpm，冷卻液設定為－5℃。
3　得到500ml的蒸餾液後取出，加入150ml的水，裝瓶。

山葵講求新鮮度，磨成泥後應立即蒸餾。而且加熱也可能破壞山葵的香氣成分，因此應提高轉速，盡早蒸餾完成。
這個配方非常「辛辣」。如果想減少辛辣度，可以將山葵的用量減半。我嘗試過各種伏特加，詩珞珂（葡萄伏特加）搭配起來最為合適，不過目前還不清楚山葵是和葡萄的什麼成分合拍。「伏特加」也可以換成「琴酒」，做成山葵琴酒。

辣根伏特加

辣根　40g
西芹頭　20g
伏特加／灰雁伏特加　Grey Goose　700ml
礦泉水　150ml

1　辣根和西芹頭去皮，磨成泥後與伏特加混合，放入燒瓶蒸餾。氣壓設定為30mbar*，水浴鍋40℃，轉速150〜200rpm，冷卻液設定為－5℃。
2　得到500ml的蒸餾液後取出，加入150ml的水，裝瓶。

不同地方產的辣根，味道差異很大，可以選擇自己喜歡的產地。日本的山葵與辣根同

種，但有些品種帶有很重的土味。西芹頭的味道類似西洋芹，加熱後會出現柔和的香氣，與辣根搭配得宜，所以我混合使用這兩種材料。

蜂斗菜琴酒

蜂斗菜　36 ～ 40g（6 ～ 8 顆）
琴酒／龐貝藍鑽特級琴酒　Bombay Saphire Gin　750ml
礦泉水　150ml

1　用食物乾燥機（52℃）乾燥蜂斗菜 6 ～ 10 小時。不要乾燥得太久，否則風味會消失殆盡，中途請時不時觀察狀況。用手指按壓時如果已經變軟，表面乾燥且顏色稍微改變即可。乾燥程度大約以 50% 為準。乾燥後與琴酒一起放入罐子，用手持式均質機攪拌。
2　倒入燒瓶，設置於蒸發儀後進行蒸餾。氣壓設定為 30mbar*，水浴鍋 40℃，轉速 120 ～ 180rpm，冷卻液設定為 － 5℃。
3　得到 500ml 的蒸餾液後取出，加入 150ml 的水，裝瓶。殘留液幾乎沒有香味，直接捨棄。

羅勒琴酒

羅勒　25g（含莖的重量）
琴酒／龐貝藍鑽特級琴酒　Bombay Saphire Gin　750ml
礦泉水　150ml

1　摘取羅勒葉，與琴酒一起放入罐子，用手持式均質機攪拌。
2　立刻倒入蒸發儀的燒瓶，進行蒸餾（攪拌後常溫放置 10 分鐘以上會氧化且變色、出現苦澀味）。氣壓設定為 30mbar*，水浴鍋 40℃，轉速 150 ～ 240rpm，冷卻液設定為 － 5℃。
3　得到 500ml 的蒸餾液後取出，加入 150ml 的水，裝瓶。常溫保存。殘留液幾乎沒有香味，直接捨棄。

我希望縮短羅勒的加熱時間，所以提高了轉速。不同品種的羅勒，香氣差異很大，但總之要選擇新鮮且香氣紮實的品種。一旦發現羅勒稍微黑掉，就不要用了。
若採浸漬方式，則將 15g 羅勒葉浸入烈酒後直接放入冷凍庫。3 ～ 4 天後確認味道，取出羅勒，然後直接冷凍保存。

檜木琴酒／檜木伏特加

檜木（木屑） 15g
琴酒／龐貝藍鑽特級琴酒 Bombay Saphire Gin 750ml
或伏特加／灰雁伏特加 Grey Goose 700ml
礦泉水 150ml

1 將檜木和琴酒（或伏特加）放入蒸餾器的燒瓶，進行蒸餾。氣壓設定為
　 30mbar*，水浴鍋 40℃，轉速 150 ～ 240rpm，冷卻液設定為－ 5℃。
2 得到 500ml 的蒸餾液後取出，加入 150ml 的水，裝瓶。

檜木的萃取速度很快，因此轉速可以調快一點。檜木也有新鮮度的問題，剛削下來的
木屑香氣最濃郁。若使用新鮮木屑，10g 就能充分萃取出香氣。

檀香琴酒

檀香（白檀） 10g
琴酒／龐貝藍鑽特級琴酒 Bombay Saphire Gin 750ml
礦泉水 150ml

1 將檀香和伏特加裝入燒瓶，進行蒸餾。氣壓設定為 30mbar*，水浴鍋 45℃，轉
　 速 80 ～ 120rpm，冷卻液設定為－ 5℃。
2 得到 500ml 的蒸餾液後取出，加入 150ml 的水，裝瓶。殘留液直接捨棄。

檀香是一種香木。由於價格昂貴，因此無法一次用太多，不過其香氣濃郁，僅僅 10g
也足以萃取出足夠的香味。我使用的是木片，可以直接使用。

柳橙＆蒔蘿琴酒

乾橙皮 1 顆份
蒔蘿 10g
琴酒／龐貝藍鑽特級琴酒 Bombay Saphire Gin 750ml
礦泉水 150ml

1 將所有材料放入罐子，用手持式均質機攪拌，接著裝入燒瓶，進行蒸餾。氣壓設
　 定為 30mbar*，水浴鍋 40℃，轉速 100 ～ 150rpm，冷卻液設定為－ 5℃。
2 得到 500ml 的蒸餾液後取出，加入 150ml 的水，裝瓶。

製作這種調酒重要的是橙皮。我將果皮削成螺旋狀，而白色內皮的部分要確實保留下來。這部分苦味較強，通常會削掉，但苦味在這個配方中是必要的元素。順利的話，喝的時候會感受到柳橙的新鮮香氣和苦味，接著蒔蘿的香氣會接棒在口中擴散開來。調成琴通寧的時候，柳橙的苦味可以抑制通寧水的甜味，平衡風味。雖然每次使用的原料狀況都不一樣，因此每次製作時都需要微調分量，不過這能創造出市售商品所沒有的風味變化。

黑芝麻伏特加

黑芝麻　150g
伏特加／灰雁伏特加　Grey Goose　700ml
礦泉水　150ml

1　用小火稍微炒過黑芝麻後，與伏特加一起用手持式均質機攪拌。接著裝入燒瓶，進行蒸餾。氣壓設定為 30mbar*，水浴鍋 40℃，轉速 100 ～ 150rpm，冷卻液設定為－ 5℃。
2　得到 500ml 的蒸餾液後取出，加入 150ml 的水，裝瓶。殘留液直接捨棄。

芥末籽&迷迭香伏特加

黑芥末籽　50g
伏特加／灰雁伏特加　Grey Goose　700ml
迷迭香　3 枝（依個人喜好）
礦泉水　150ml

1　用小火稍微炒過黑芥末籽。炒的時候要小心，黑芥末籽會彈來彈去。炒出香氣後起鍋，倒入磨缽，磨成粉後與伏特加混合。
2　裝入燒瓶，加入迷迭香，進行蒸餾。氣壓設定為 30mbar*，水浴鍋 40℃，轉速 150 ～ 220rpm，冷卻液設定為－ 5℃。
3　得到 500ml 的蒸餾液後取出，加入 150ml 的水，裝瓶。殘留液直接捨棄。

芥末籽本身無臭無味，但烘烤後會散發出香氣，研磨後會出現辛辣味。迷迭香並非必要，可視個人口味決定是否添加，也可以不丟入燒瓶蒸餾，而是調酒時再使用。

肥肝伏特加

肥肝　135g
伏特加／灰雁伏特加　Grey Goose　700ml
礦泉水　150ml

1　混合肥肝與伏特加，用手持式均質機攪拌。
2　裝入燒瓶，進行蒸餾。氣壓設定為 30mbar*，水浴鍋 40℃，轉速 50 ～
　　150rpm，冷卻液設定為 − 5℃。──初始氣壓先設定 150mbar，由於肥肝脂肪
　　量較多，開始蒸餾不久便會冒出細小泡沫。待泡沫變大，滾起來後，再一口氣調
　　降氣壓至 30mbar。轉速則慢慢提升。
3　得到 500ml 的蒸餾液後取出，加入 150ml 的水，裝瓶。常溫保存。

洛克福乳酪干邑白蘭地／洛克福乳蘭姆酒

洛克福藍紋乳酪　350g
干邑白蘭地／軒尼詩 VS　Hennessy VS　700ml
或蘭姆酒／百加得蘭姆酒（白）　Bacardi superior　750ml
礦泉水　150ml

1　用微波爐或平底鍋加熱洛克福乳酪至融化，和干邑白蘭地（或蘭姆酒）混合後倒
　　入罐中，用手持式均質機攪拌。
2　裝入燒瓶，進行蒸餾。氣壓設定為 30mbar*，水浴鍋 40℃，轉速 50 ～
　　150rpm，冷卻液設定為 − 5℃。──初始氣壓先設定 150mbar，由於乳酪脂肪
　　量較多，開始蒸餾不久便會冒出細小泡沫。待泡沫變大，滾起來後，再一口氣調
　　降氣壓至 30mbar。轉速則慢慢提升。
3　得到 500ml 的蒸餾液後取出，加入 150ml 的水，裝瓶。常溫保存。殘留液鹹味
　　十足，可以過濾後添加等量的砂糖做成糖漿，或做成藍紋乳酪冰淇淋。

庫唐斯乳酪伏特加

庫唐斯乳酪（法國諾曼第產白黴乳酪）　400g
伏特加／灰雁伏特加　Grey Goose　700ml
礦泉水　150ml

1　用微波爐或平底鍋加熱庫唐斯乳酪至融化，和伏特加混合後倒入罐中，用手持式
　　均質機攪拌。
2　裝入燒瓶，進行蒸餾。氣壓設定為 30mbar*，水浴鍋 40℃，轉速 50 ～

150rpm，冷卻液設定為－5℃。——初始氣壓先設定150mbar，由於乳酪脂肪量較多，開始蒸餾不久便會冒出細小泡沫。待泡沫變大，滾起來後，再一口氣調降氣壓至30mbar。轉速則慢慢提升。

3　得到500ml的蒸餾液後取出，加入150ml的水，裝瓶。常溫保存。殘留液可以比照藍紋乳酪殘留液的處理方式，做成糖漿或冰淇淋。

我試過幾種白黴乳酪，如卡門貝爾、布里，不過庫唐斯容易取得且味道穩定，所以一直是我的首選。我有時也會用其他乳酪。讓乳酪熟成後再蒸餾，味道會更加濃郁可口。

橄欖琴酒

綠橄欖（無籽）　174g
琴酒／龐貝藍鑽特級琴酒　Bombay Saphire Gin　750ml
礦泉水　150ml

1　將綠橄欖的醃漬液倒掉，與琴酒一起倒入罐中，用手持式均質機攪拌。
2　裝入蒸發儀的燒瓶，進行蒸餾。氣壓設定為30mbar*，水浴鍋40℃，轉速150～240rpm，冷卻液設定為－5℃。得到500ml的蒸餾液後取出，加入150ml的水，裝瓶。

我嘗試過好幾種橄欖，發現鹹度偏高、味道強烈的類型比較適合。我也曾用吃起來非常好吃的橄欖製作，但或許是因為香氣較弱，蒸餾不出什麼味道；不過將橄欖量提高到兩倍還是能解決這個問題。殘留液帶有橄欖的鹹味，但味道較淡，且有些混濁，用途不大。

烤蘆筍伏特加

綠蘆筍　6支（較粗且新鮮為佳。用量需根據大小調整）
伏特加／灰雁伏特加　Grey Goose　700ml
礦泉水　150ml

1　用烤盤將綠蘆筍烤至表面出現些許焦色。切成適當大小，與伏特加一起放入罐子，用手持式均質機攪拌。
2　裝入燒瓶，進行蒸餾。氣壓設定為30mbar*，水浴鍋40℃，轉速80～150rpm，冷卻液設定為－5℃。得到500ml的蒸餾液後取出，加入150ml的水，裝瓶。

冬蔭伏特加

冬蔭醬（3Chef's） 227g
伏特加／灰雁伏特加 Grey Goose 700ml
礦泉水 150ml

1 將冬蔭醬與伏特加一起放入罐子攪拌均勻。裝入燒瓶，進行蒸餾。氣壓設定為30mbar*，水浴鍋 40℃，轉速 120 ～ 180rpm，冷卻液設定為－ 5℃。
2 得到 500ml 的蒸餾液後取出，加入 150ml 的水，裝瓶。

殘留液依然具有明顯的鹹味和香料味，可以過濾後倒入小鍋中，加入少量太白粉增稠，然後倒在烘焙墊上攤開，用食物乾燥機（57℃）乾燥。乾燥凝固後，可以用磨粉機打成粉末，或者隨意折碎充當裝飾。

白松露伏特加

白松露蜂蜜 Miele di Acacia al Tartufo 120g
伏特加／灰雁伏特加 Grey Goose 700ml
礦泉水 150ml

1 將材料放入罐子，用手持式均質機攪拌。裝入燒瓶，進行蒸餾。氣壓設定為30mbar*，水浴鍋 40℃，轉速 120 ～ 180rpm，冷卻液設定為－ 5℃。
2 得到 500ml 的蒸餾液後取出，加入 150ml 的水，裝瓶。常溫保存。殘留液可以過濾後加入等量的砂糖，做成白松露糖漿（冷凍保存）使用。

鮮味伏特加

日式高湯粉（茅乃舍特選極致高湯） 2 包
伏特加／灰雁伏特加 Grey Goose 700ml
礦泉水 150ml

1 將伏特加與高湯粉一起裝入蒸發儀的燒瓶，進行蒸餾。氣壓設定為 30mbar*，水浴鍋 40℃，轉速 150 ～ 240rpm，冷卻液設定為－ 5℃。
2 得到 500ml 的蒸餾液後取出，加入 150ml 的水，裝瓶。

高湯粉會迅速釋放香氣，所以轉速可以調高一點。殘留液鹹味十足，且仍帶有少許鮮味，可以過濾後加入等量的砂糖做成糖漿。

松茸伏特加

松茸　100g前後（約2根）
伏特加／灰雁伏特加　Grey Goose　700ml
礦泉水　150ml

1　松茸不需清洗，用刷子刷掉泥土後切片稍微炭烤，小心烤焦。烤出香氣後，與伏
　　特加一起放入罐子攪拌。
2　裝入燒瓶，進行蒸餾。氣壓設定為30mbar*，水浴鍋40℃，轉速80～
　　120rpm，冷卻液設定為－5℃。
3　得到500ml的蒸餾液後取出，加入150ml的水，裝瓶。

松茸釋放香氣的速度較慢，所以轉速也設定得較慢。殘留液中幾乎沒有香氣，直接捨
棄。盡量使用新鮮的松茸。假如日本產松茸太貴，也可以使用其他國家的冷凍松茸，
但香氣難免大打折扣。至於其他蕈類，如牛肝菌、香菇，乾燥狀態的香氣更明顯。在
這種情況下，可以先將乾燥牛肝菌和伏特加一起真空包裝，用50℃加熱30分鐘，再
倒入燒瓶蒸餾。
注意，新鮮松茸不建議使用浸漬法萃取香氣，因為容易氧化、變質。若使用浸漬法，
最好使用乾燥松茸；但新鮮松茸的香氣依然更勝一籌。

中華高湯伏特加

味霸（中式高湯粉）　150g
伏特加／灰雁伏特加　Grey Goose　700ml
礦泉水　150ml

1　將材料加入罐子，用手持式均質機攪拌均勻。裝入燒瓶，進行蒸餾。氣壓設定為
　　30mbar*，水浴鍋40℃，轉速150～220rpm，冷卻液設定為－5℃。
2　得到500ml的蒸餾液後取出，加入150ml的水，裝瓶。殘留液可以過濾後加糖
　　做成糖漿，常溫保存。

奈良漬伏特加

奈良漬（都錦味醂漬小黃瓜／田中長）　90g
伏特加／灰雁伏特加　Grey Goose　700ml
礦泉水　150ml

1　奈良漬切成適當大小，與伏特加一起加入罐子，用手持式均質機攪拌。裝入燒瓶，
　　進行蒸餾。氣壓設定為30mbar*，水浴鍋40℃，轉速100～150rpm，冷卻液

設定為－5℃。

2　得到 500ml 的蒸餾液後取出，加入 150ml 的水，裝瓶。常溫保存。

殘留液可以過濾後加糖做成糖漿。奈良漬也分成很多種，不過田中長小黃瓜尤佳，香氣十足又美味。

蕎麥茶伏特加

蕎麥茶　50g
伏特加／灰雁伏特加　Grey Goose　700ml
礦泉水　150ml

1　將蕎麥茶與伏特加裝入燒瓶，進行蒸餾。氣壓設定為 30mbar*，水浴鍋 45℃，轉速 150 ～ 220rpm，冷卻液設定為－5℃。
2　得到 500ml 的蒸餾液後取出，加入 150ml 的水，裝瓶。

蕎麥茶釋出的風味速度較快，因此我設定的溫度較高，轉速也較快，感覺上是利用離心力邊攪拌邊蒸餾。殘留液幾乎沒什麼風味，直接捨棄。

玄米茶伏特加

玄米茶　50g
伏特加／灰雁伏特加　Grey Goose　700ml
礦泉水　150ml

1　將玄米茶與伏特加裝入燒瓶，進行蒸餾。氣壓設定為 30mbar*，水浴鍋 45℃，轉速 150 ～ 220rpm，冷卻液設定為－5℃。
2　得到 500ml 的蒸餾液後取出，加入 150ml 的水，裝瓶。

梨山茶伏特加

梨山茶　25g
伏特加／灰雁伏特加　Grey Goose　700ml
礦泉水　150ml

1　將梨山茶與伏特加一起真空包裝，用 60℃ 加熱 30 分鐘，再將伏特加與茶葉一起裝入燒瓶，進行蒸餾。氣壓設定為 30mbar*（初始氣壓設定為 250mbar*），水浴鍋 40℃，轉速 50 ～ 120rpm，冷卻液設定為－5℃。
2　得到 500ml 的蒸餾液後取出，加入 150ml 的水，裝瓶。

梨山茶需要高溫才能展開。如果將茶葉與常溫的伏特加一起蒸餾，可能酒精蒸發時，茶葉還來不及釋放香氣。為了確保在蒸餾過程中茶葉能夠充分開展，要事先以 60℃ 進行真空加熱。此外，梨山茶的茶葉較大片，為了讓茶葉盡可能接觸到液體，轉速設置較低。由於本配方是先真空加熱再蒸餾，所以初始氣壓設定為 250mbar*。蒸餾 60℃ 左右的液體時，即使裝置有感應器也難以防止液體迅速突沸。因此，在液體狀況穩定下來之前都要格外注意。

玉露伏特加／極致玉露伏特加

玉露茶葉　50g
或傳統本玉露茶葉（建議使用冴綠、五香）　50g
伏特加／灰雁伏特加　Grey Goose　700ml
礦泉水　150ml

1　將茶葉與伏特加一起裝入燒瓶，進行蒸餾。氣壓設定為 30mbar*，水浴鍋 40℃，轉速 50 ～ 120rpm，冷卻液設定為－ 5℃。
2　得到 500ml 的蒸餾液後取出，加入 150ml 的水，裝瓶。常溫保存。

金巴利風味水／澄清金巴利

金巴利　Campari　1000ml
礦泉水　150ml

1　將金巴利裝入燒瓶蒸餾。氣壓設定為 30mbar*，水浴鍋 40℃，轉速 200 ～ 240rpm，冷卻液設定為－ 5℃。
2　得到 700ml 的蒸餾液後取出，加入 150ml 的水，裝瓶。

以上做法可以得到澄清金巴利。加入 2 片乾燥柳橙片，浸泡 6 小時，即可當作無酒精的金巴利風味水使用。用這種方法製作無酒精金巴利，比起準備一大堆複雜的原料簡單多了。殘留液保留了金巴利本身比較重的成分。

同樣的方法，也可以套用於聖杰曼（接骨木花利口酒）、蘇茲、葛蘭經典苦酒（Gran Classico Bitter）、杏仁香甜酒，做出其風味水（和澄清利口酒）。風味水還可以加糖做成糖漿。

2. 浸漬液

■用烈酒浸泡材料，萃取成分。
■採真空加熱法可以縮短萃取時間。

可可碎粒金巴利

優質可可碎粒　4g
金巴利　Campari　500ml

1　將可可碎粒浸泡於金巴利，靜置 5 天。
2　待香氣和味道充分釋放後，取出可可碎粒。

如果想要加快製作的速度，可以將冷藏的金巴利和可可碎粒放入真空包裝袋，以 90%
的真空度封裝，以 60℃ 加熱 2 小時。然後放入冰水急速冷卻，過濾後裝瓶。
可可碎粒會先釋放酸味，接下來是苦味，然後逐漸取得風味平衡。可可碎粒釋放風味
的速度緩慢，因此真空加熱時，應設定較高的溫度與較長的時間。另一項方法是增加
可可碎粒的用量，但建議先試過上述配方，再根據個人口味調整。考慮到可可具有酸
味，基酒宜選擇苦味或甜味的酒款。波特酒、多寶力（Dubonnet）、冰酒都是不錯
的選擇。

零陵香豆蘭姆酒

零陵香豆　4 顆
蘭姆酒／薩凱帕 23 頂級蘭姆酒　Ron Zacapa 23　750ml

1　將零陵香豆浸泡於蘭姆酒，靜置 4 天。
2　待香氣和味道充分釋放後，取出零陵香豆並自然風乾，留下來重複利用。浸漬液
　　可常溫保存。

欲加快製作速度，可以將 750ml 冷藏蘭姆酒和 4 顆零陵香豆放入真空包裝袋，以
90% 的真空度封裝，以 55℃ 加熱 1 小時。然後放入冰水急速冷卻，取出零陵香豆後
裝瓶。零陵香豆風乾後留下來。

開心果伏特加

開心果醬（Babbi） 200g
伏特加／灰雁伏特加 Grey goose 700ml

用手持式均質機攪拌開心果醬和伏特加後裝瓶，冷藏保存。使用時應充分搖勻（不過濾）再使用。

黑胡椒伏特加／黑胡椒波本威士忌

黑胡椒 4tsp.
伏特加／灰雁伏特加 Grey Goose 700ml
或波本威士忌／野牛仙蹤 Buffalo Trace 700ml

將黑胡椒和伏特加（或波本威士忌）放入真空包裝袋，以 90%的真空度封裝，以 70℃加熱 1 小時。過濾後裝瓶，常溫保存。

檸檬葉伏特加／檸檬葉獺祭粕取燒酎

檸檬葉 3 大片（或 7 小片）
伏特加／灰雁伏特加 Grey Goose 700ml
或獺祭粕取燒酎 720ml

將檸檬葉浸泡於伏特加（或獺祭粕取燒酎），常溫下靜置 3 天。待香氣充分釋放後，取出檸檬葉，冷藏或冷凍保存。

煙燻培根伏特加

煙燻培根 300g
伏特加／灰雁伏特加 Grey Goose 700ml

1 將煙燻培根切片，厚度約 1cm，用平底鍋煎至表面滲出脂肪。關火，稍微放涼後再倒入伏特加，並用鍋鏟刮起鍋底焦化的汁液和脂肪，與液體充分混合。
2 裝入容器，冷藏 2 天，第 3 天放入冷凍庫。第 4 天用咖啡濾紙濾除脂肪後裝瓶。冷藏保存。

奶洗啤酒花琴酒

啤酒花顆粒（卡斯卡特）　6.5g
琴酒／龐貝藍鑽特級琴酒　Bombay Saphire Gin　750ml
牛奶　150ml
檸檬汁　10ml

1　將啤酒花與琴酒用真空包裝，以 60℃ 加熱 1 小時。取出後倒入罐中，待冷卻至
　　常溫。
2　加入牛奶，分 2 次加入檸檬汁，每次 5ml，輕輕攪拌，形成凝乳。待凝乳凝結到
　　一定程度後，用錐形濾網過濾。
3　使用離心機澄清。冷藏或冷凍保存。

香蕉蘭姆酒／香蕉皮斯可

香蕉　3 根
蘭姆酒／薩凱帕 23 頂級蘭姆酒　Ron Zacapa 23　750ml
或皮斯可／瓦卡　Waqar　750ml

1　香蕉剝皮之後切成適當大小，與蘭姆酒（或皮斯可）一起用手持式均質機攪拌。
2　使用離心機澄清。

烘烤柚子琴酒（烘烤柳橙琴酒、烘烤橘子琴酒）

黃柚子　2 顆
琴酒／坦奎瑞　Tanqueray Gin　750ml
1　柚子切半，放入旋風烤箱，設定 120℃，烤 1 小時。
2　將烤至全黑的柚子與琴酒真空包裝，以 55℃ 隔水加熱 2 小時。過濾後裝瓶。常
　　溫保存。

柚子的果汁較少，因此我直接連皮帶肉烤過再浸漬。烤箱溫度不能太高、烘烤時間
也不能太長，否則柚子會炭化。若換成柳橙，則取 2 顆份的柳橙皮烤過再浸漬；若換
成橘子，則取 3 顆份的橘子皮烤過後再浸漬。

煎茶琴酒

煎茶茶葉　13g
琴酒　750ml

1　將茶葉浸泡於琴酒一晚。
2　隔天過濾掉茶葉後裝瓶。常溫保存。

使用的茶葉品種視季節而定,我主要是使用冴綠、藪北、露光。琴酒也會根據茶葉的
性質選擇龐貝藍鑽特級、六琴酒或坦奎瑞。風味太強的琴酒不太適合,柑橘味太重的
也不行。

伯爵茶琴酒

伯爵茶茶葉　10g
琴酒／亨利爵士　Hendrick's Gin　750ml

將茶葉浸泡於琴酒一晚。隔天用濾網過濾後裝瓶。常溫保存。

焙茶蘭姆酒／焙茶波本威士忌

深焙焙茶茶葉　13g
蘭姆酒／薩凱帕23頂級蘭姆酒　Ron Zacapa 23　750ml

將茶葉浸泡於蘭姆酒一晚。隔天用濾網過濾後裝瓶。常溫保存。
使用波本威士忌製作時,材料分量相同。建議選擇澀度較低、香草味較濃的波本威士
忌。焙度和茶葉品種都會大大影響焙茶的味道,深焙的茶葉帶有更多苦味和巧克力味,
但不能浸漬太久,否則會產生澀味。淺焙的茶葉則更適合搭配輕盈且帶果香的冰酒或
利口酒。

3. 桶陳調酒

■將調酒裝入 2 公升的小木桶，最長熟成 6 個月。

G4

琴酒／坦奎瑞 10 號 Tanqueray No.TEN　900ml
乾橙軒尼詩 VS*　450ml
核桃利口酒　300ml
香艾酒／伊薩吉列香艾酒 1884　Yzaguirre Vermouth selection 1884　300ml
費氏兄弟黑核桃苦精　Fee Brothers Walnut Bitters　10ml
巴布原味苦精　Bob's Abbotts Bitters　10ml
（乾橙軒尼詩 VS：將 5 片乾燥柳橙片、500ml 軒尼詩 VS 一起真空包裝，以 50℃加熱 1 小時。取出橙片後裝瓶）

將所有的材料混合之後倒入 2 公升的木桶，放置在陰涼處熟成 2 個月。熟成完畢後裝瓶。

我用了英國的琴酒，法國的干邑白蘭地，西班牙的香艾酒，義大利的利口酒等不同國家的材料，因此命名為 G4。這是一款帶有柳橙、核桃香氣的調酒。供應時，取 60ml 的酒液與冰塊一同攪拌，倒入雞尾酒杯或古典杯飲用。

林地苦液

金巴利　Campari　800ml
義式苦酒　Amaro　400ml
皮康開胃酒　Picon　400ml
渣釀白蘭地／ Ornellaia Grappa　100ml
亞當博士波克苦精　Dr. Adams Bokers Bitters　20ml
巴布香草苦精　Bob's Vanilla Bitters　20ml
巴布原味苦精　Bob's Abbotts Bitters　40ml
真的苦傑瑞湯馬斯苦精　The Bitter Truth Jerry Thomas Bitters　20ml

將所有材料混合後倒入 2 公升的木桶，置於陰涼處熟成最少 2 個月，最多 6 個月。熟成完畢後裝瓶。

這些材料組合起來就是一款調酒，但我是設計來作為一種苦味利口酒使用。雖然每種苦味利口酒本身已具備複雜的風味，但我希望製作出更加複雜且尾韻悠長的材料。金

巴利、義式苦酒、皮康某種程度上路線相似，不過加了渣釀白蘭地後，一口氣增加了風味深度。若使用熟成較久的渣釀白蘭地，用量再多一些也無妨。「關鍵材料」是金巴利，除此以外，其他材料如義式苦酒、皮康用芙內布蘭卡、吉拿、葛蘭經典苦酒替代，味道也很不錯。用林地苦液 45ml、氣泡水 90ml 加 1 片檸檬片簡單調製便十分美味。用途上，可以少量取代其他苦味酒；或加 1tsp. 至香艾酒中調和，創造足夠的苦味和深度。

桶陳全香子蘭姆酒

蘭姆酒／外交官精選珍藏　Diplomatico reserva　750ml
全香子　15 粒
柑橘胡椒　12 粒
丁香　10 粒
肉桂棒　2 根
肉豆蔻　1 顆
香草莢　1 根

所有香料用磨缽磨碎，香草莢切碎，全部與蘭姆酒一起真空包裝，以 60℃加熱 2 小時。然後冷藏浸泡 3 天，用咖啡濾紙過濾後，入桶熟成 1 個月。

4. 糖漿、風味濃縮糖漿、風味醋

肉桂糖漿

肉桂棒　4 根
水　400ml
細白砂糖　350g

將肉桂棒放入磨缽磨碎，與細白砂糖、水一起放入小鍋中加熱。砂糖溶解後，蓋上鍋蓋，小火煮 10 分鐘。冷卻後過濾，裝瓶。

香草糖漿

香草莢　5 根
水　500ml
細白砂糖　500g

將香草莢縱向劃開。將水煮沸後，加入細白砂糖和香草莢，用小火煮 10 分鐘。關火後蓋上鍋蓋，放涼後直接放冰箱冷藏一晚。隔天過濾裝瓶。將香草莢放入食品乾燥機烘至七成乾，用保鮮膜包起來冷藏保存，重複利用。

日式高湯糖漿

茅乃舍特選極致高湯　1 包
水　300ml
細白砂糖　200ml

將水和高湯包放入鍋中，中火加熱。加熱 3 分鐘後，再加入細白砂糖，待砂糖溶解後關火，蓋上鍋蓋。靜置 5 分鐘後取出高湯包，迅速冷卻後裝瓶。須冷藏保存。

羅望子糖漿

羅望子膏　225g
水　1500ml
細白砂糖　適量

1　將羅望子醬和水加入小鍋，大火加熱。煮沸後轉小火，溶解羅望子膏，覺得太稠

可以加水；覺得太稀，則可以再加羅望子膏。待羅望子膏完全溶解後，關火，用錐形濾網過濾。

2　加入總重 1.5 倍的細白砂糖，再度倒入小鍋煮沸。煮沸後關火，迅速冷卻後裝瓶，或分裝並冷凍保存。

備用時請以冷藏方式保存。羅望子非常酸，可依自身喜好添加適量砂糖調整酸度。

白松露蜂蜜糖漿

白松露蜂蜜　Miele di Acacia al Tartufo　120g
水　120ml
松露油　2drops

將白松露蜂蜜和水真空包裝，以 50℃加熱 20 分鐘。冷卻後加入松露油拌勻，裝瓶，冷藏保存。

白芝麻糖漿／黑芝麻糖漿

白芝麻（或黑芝麻）　60g
水　280ml
細白砂糖　280g

將水和細白砂糖加入鍋中溶解。白芝麻用平底鍋稍微乾煎後，加入做好的糖漿，蓋上鍋蓋，小火煮 10 分鐘。放涼後過濾，裝瓶。冷藏保存。

健力士糖漿

健力士　Guinness　330ml
細白砂糖　200g

留下 40ml 健力士啤酒，其餘倒入鍋中，用中火加熱至沸騰，再轉小火煮 3 分鐘，讓酒精揮發。加入細白砂糖煮至溶解，用小火煮 3 分鐘，最後加入預留的 40ml 健力士啤酒，再煮 1 分鐘。

若希望發揮酒類材料本身的香氣，製作糖漿的最後務必再補一點酒。這樣就能做出帶有該酒精材料香氣的糖漿。

玉米糖漿

玉米汁　300g
細白砂糖　200g

從玉米罐頭中取出玉米粒和罐頭汁，用手持式均質機攪拌。過濾出液體部分，倒入小鍋。加入砂糖，用小火煮 5 分鐘，稍微濃縮後裝瓶。
過濾後的殘渣可以用食物乾燥機烘成脆片，當作調酒的裝飾物。

新鮮玉米糖漿

水煮玉米　2 根
水　300 ～ 400ml（視玉米大小而定）
細白砂糖　適量

用菜刀削下水煮玉米的顆粒。將玉米粒與水混合後，用均質機打勻，然後過濾。測量液體重量，和等量的細白砂糖一同加入小鍋，也加入玉米芯，用中火煮 3 分鐘，再轉小火煮 3 分鐘收汁。稍微冷卻後裝瓶。由於玉米芯也有香氣，所以一定要放進鍋裡一起煮。

可可碎粒＆香草糖漿

可可碎粒　2tsp.
香草莢　5 根
水　500ml
細白砂糖　400g

將所有材料放入小鍋，用中火加熱。待細白砂糖溶解後，蓋上鍋蓋，加熱 10 分鐘。關火後，冷藏 1 小時，然後過濾，裝瓶。冷藏保存。香草莢可以留下來重複利用（最多使用 2 次）。

開心果糖漿

開心果醬（Babbi）　80g
水　300ml
細白砂糖　200g

將所有材料放入小鍋加熱，開心果醬溶解後離火。放涼後裝瓶。冷藏保存。

檸檬馬鞭草＆蒔蘿濃縮糖漿

檸檬馬鞭草　8g
蒔蘿　3枝
水　300ml
細白砂糖　300g
檸檬酸　3g

先用細白砂糖和水製作糖漿，然後加入蒔蘿，用手持式均質機攪拌。接著加入檸檬馬鞭草，蓋上鍋蓋，靜置10分鐘。接著加入檸檬酸調味。放涼後裝瓶，冷藏保存，可保存1個月。

冷萃咖啡濃縮糖漿

精品咖啡豆（中研磨）　40g
水　1150ml
細白砂糖　700g
檸檬酸　5tsp.（大略分量）

1　將研磨好的咖啡粉與水混合，冷藏浸泡15小時後用濾紙過濾。
2　放入小鍋，用小火煮至剩下700ml，加入細白砂糖，融化後再加入檸檬酸（可分次少量加入，調整至自己喜歡的酸味）。冷卻後裝瓶，冷藏保存。

覆盆子風味醋

覆盆子　170g
白醋　475ml
水　475ml
細白砂糖　600g

1　用手持式均質機攪將覆盆子打碎，與白醋混合後浸泡3天。
2　用錐形濾網過濾，連同水和細白砂糖一併加入小鍋，用小火加熱。細白砂糖溶解後關火，放涼後裝瓶。冷藏保存。

紅薑風味醋

紅薑　100g
水　200g
細白砂糖　200 ～ 300g

將紅薑和水混合後，用手持式均質機打勻。過濾後秤重，加入等量的細白砂糖，放入小鍋煮 5 分鐘。放涼後裝瓶，冷藏保存。

5. 其他關鍵材料

蜂蜜薑汁精華

生薑（磨泥）　550g
丁香（整顆）　20 粒
全香子（整顆）　10 顆
小荳蔻（整顆）　8 粒
檸檬香茅（冷凍）　1 根
檸檬馬鞭草（乾燥／茶包）　2 包
柑橘胡椒　8 粒
肉桂棒　2 支
肉桂粉　少量
檸檬片　2 顆份
檸檬汁　50ml
細白砂糖　130g
蜂蜜　40g
水　650ml

1　將香料和水放入小鍋，小火煮 30 分鐘。
2　加入薑、細白砂糖、蜂蜜、檸檬香茅、檸檬片、檸檬汁、檸檬馬鞭草，用小火煮 10 分鐘。
3　離火，放涼後倒入密封容器，冷藏保存。幾天後，薑會逐漸失去辛辣感，香料的調性變得更強烈。

奶洗風味液（無酒精牛奶潘趣）

牛奶　150ml
椰子水　310ml
檸檬汁　100ml
橙皮　2 顆份
檸檬皮　1 顆份
鳳梨片　1 片
丁香　8 粒
八角　2 顆
肉桂棒　1 支
糖漿　70ml
可額外添加：乾薑粉 1/2tsp.、青焙茶 5g

1　用磨缽稍微磨碎香料。將牛奶以外的所有材料真空包裝，冷藏浸泡 24 小時。取出後過濾。
2　將 150ml 的牛奶慢慢加熱至 60℃。倒入 1，緩緩攪拌，接著液體會逐漸分離。
3　冷藏 1 天後，用咖啡濾紙過濾即完成。如果有離心機，也可以分離出剩餘的液體。

乳清蛋白大約會從 80℃ 左右開始變性，因此不要將牛奶煮沸。但為了保持生乳風味，又達到殺菌效果，還是要加熱至 65℃ 左右。務必慢慢加熱，若急遽加熱至 60℃，分離效果也不好。
可以依個人喜好添加乾薑粉和青焙茶增添風味。建議於冷藏浸泡的階段一起加入。

澄清番茄汁

番茄 2 顆

1 番茄切塊，放入容器，用手持式均質機打成泥。
2 將番茄泥均勻倒入離心機的離心管，設置於轉盤。設定 3500 轉、10 分鐘，將固形物體分離出來。取出離心管，捨棄浮在液體表面的皮，再用濾網過濾。取出底部堆積的果凍狀部分，攪拌一次，再分裝至兩個離心管，設定 3500 轉、5 分鐘，以分離出剩餘的液體。

若不使用離心機，可以將 1 倒入紗布或濾紙，靜置冰箱一晚過濾。成品與使用離心機相同，但這樣只是利用了自然的重力，因此步留率較差。
保存期限為 3 天。必須冷藏保存，且最好使用抽真空瓶塞抽掉瓶內空氣。

甘納許

法芙娜巧克力 ValrhonaCaraque（可可含量 56%） 500g
鮮奶油（乳脂含量 38%） 150ml
無鹽奶油 50g
轉化糖漿 58g

1 隔水加熱融化巧克力。過程中避免混入水蒸氣。
2 將鮮奶油煮沸。只需要煮沸過一次即可，若煮太久恐導致分量出現誤差。
3 測量巧克力溫度約 35℃，鮮奶油溫度約 65℃，將鮮奶油慢慢倒入巧克力，用刮刀攪拌至乳化。
4 加入全部鮮奶油並乳化後，再加入無鹽奶油和轉化糖漿混合均勻。塊狀奶油不易融化，建議事先放在常溫下軟化，或稍微加熱至開始融化的狀態再加入，會比較容易乳化。
5 當巧克力乳化，呈現出光澤，即可裝入擠壓罐或擠花袋，注入半球狀矽膠模具，放入冰箱。冷卻後脫模，放入長方盤，然後冷藏或冷凍保存。

冷凍可保存 3 個月，冷藏則可保存約 2 週。若添加少量伏特加，則冷藏可保存 1 個月。

冷萃椰子咖啡

咖啡豆 20g
椰子水 330ml（建議使用珀綠雅牌）

將咖啡豆磨成中研磨的粗細度，與椰子水一起放入冰滴壺，花大約 10 小時萃取（或

直接將咖啡粉與椰子水混合後冷藏約 12 小時，再用濾紙過濾）。裝入密封的容器，冷藏保存。最多可保存 4 天，最佳風味保存期限則為 3 天。

肥肝冰淇淋

肥肝伏特加（p.250）的殘留液　200g
蛋黃　3 顆
細白砂糖　60g
鮮奶油　125ml
波特酒　15 ml

採隔水加熱方式，將蛋黃、肥肝伏特加的殘留液和細白砂糖混合均勻、乳化。過濾後再拌入鮮奶油和波特酒，然後放入冰淇淋機。

焦化醬油粉

1　將適量的醬油倒入平底鍋，開小火加熱。當醬油開始冒泡，轉動鍋子，避免醬油燒焦。煮到有點稠度時離火，倒在烘焙紙上並攤開。
2　送入食物乾燥機，設定 57℃，乾燥 10 小時。乾燥後取出，靜置約 1 小時冷卻。
3　接著隨意折成碎片，放入磨粉機打成粉末，與矽膠乾燥劑一起裝入密封容器中保存。

味噌粉

1　將綜合味噌稍微稀釋後，倒在烘焙紙上攤開。送入食物乾燥機，設定 57℃，乾燥 10 小時。
2　取出後靜置約 1 小時冷卻。接著隨意折成碎片，放入磨粉機打成粉末，與矽膠乾燥劑一起裝入密封容器保存。

6. 裝飾物

果乾片

將水果切成薄片，放在食物乾燥機的托盤上，烘乾。基本上，水果的乾燥溫度建議設定為 57℃，蔬菜則建議設定為 52℃。柑橘類建議乾燥 6 小時後取出，再靜置 3 小時即可。果汁較豐富的水果需要乾燥約 8 小時，並視狀況調整。請將果乾片與矽膠乾燥劑一起裝入密封容器保存。

我常用柳橙、鳳梨、蘋果、草莓、無花果、奇異果、萊姆、番茄、小黃瓜、大黃製作果乾片，其中小黃瓜和大黃會縱切成長條狀。

花米紙

生春捲皮　2 片
食用花
柳橙片
檸檬片
蒔蘿　各適量

生春捲皮用水泡發後，撒上上述材料，再疊上另一張春捲皮。放入食物乾燥機，乾燥約 3 小時即完成。若想要做成其他形狀，可於乾燥 30 分鐘時取出，用壓模壓出想要的形狀。這是我向中餐廳 Chi-fu 的東浩紀主廚學來的技巧，偶爾會做幾片來用。

第 6 章

如何建構一杯調酒

1. 調酒基礎構成理論

如何調製雞尾酒？當然，人人都有自己的一套順序、一套方程式。本節美其名「理論」，但希望各位讀者視為「酒譜基礎思維」即可。

〔傳統酒譜模式〕
2000 年代初以前，我構思調酒時，大多會參考現有的基礎酒譜。
■ 30ml：30ml：15ml（烈酒／利口酒／果汁）
■ 45ml：15ml（烈酒／果汁）
■ 20ml：20ml：20ml（烈酒／利口酒／利口酒）
■ 40ml：10ml：10ml（烈酒／利口酒／利口酒）

以上比例淺顯易懂，重點是數字漂亮。然而當今材料愈來愈多元，味道愈來愈豐富，上述比例能表現的東西有限。為了呈現更多層次和立體的風味，我們必須考慮所有可能的組合。

〔基本架構是具備無窮可能的地基〕
在探索廣闊的可能性之前，最好先確立起「基礎概念」。我通常是從以下概念出發：

> 基本架構＝主體（Main）＋調味（Flavor）＋點綴（Accent）

我先有這個基本架構，再將幾種元素綜合起來，套入這個架構，最終編製出一份酒譜。舉例來說，我將馬丁尼和琴通寧放入這個架構：

馬丁尼
主體（以下稱 M）／琴酒
調味（以下稱 F）／香艾酒
點綴（以下稱 A）／柑橘苦精

琴通寧
M ／琴酒
F ／通寧水
A ／萊姆

接著，我維持馬丁尼的基礎框架，增加每個環節的層次，即可創造味道更加複雜、豐富的酒譜。

馬丁尼：基本架構內細分成多層次
M／高登、坦奎瑞十號、季之美
F／諾利帕不甜香艾酒、諾利帕不甜香艾酒的老酒
A／柑橘苦精

這種方法也可以應用於其他狀況：

水果雞尾酒
M／烈酒（一款、多款）
F／水果、蔬菜等材料（新鮮、醃漬、烘烤、泥狀）
A／調味料（胡椒、醋、香料、咖啡、苦精、酊劑）

即使是複雜的酒譜，也能拆解、整理成這三大要素。而且，通常這三大要素不平衡時，味道也不會好到哪裡去。依我至今嘗過各種料理的經驗，這種架構放在食物上也適用。主體是核心食材，調味是醬汁和調味料，而點綴是佐料和其他增添風味的材料。每個環節都不是「單一材料」，而是以「多種材料」組合成創意十足的一道佳餚；又或是去蕪存菁到極致的一道菜。調酒也是如此，運用多種材料構成主體、調味和點綴，可以提高複雜度與趣味。也可以對材料進行加工，創造材料本身無法呈現的口味。

但是，這種複雜度也必須建立在平衡的基礎架構上。首先，應從上述傳統酒譜模式出發，思考具體的材料。若想增加 M：F：A 各個環節的層次，最好從達到平衡的比例開始嘗試。

雖然這沒有一套固定的方程式，但我常用的比例有以下幾種：
■ 20ml：20ml：20ml ＋○ dashes
■ 40ml：15ml：10ml ＋ α（果物？）＋ ○ dashes
■ 40ml：10ml：10ml

……通常到最後，還會增加幾 ml 基酒、多幾抖振的苦精或風味材料點綴風味。

〔主體、調味、點綴的權力結構〕
這裡，材料份量間的平衡與結構的關係至關重要。主體、調味和點綴三者之間存在一項權力結構。主體即「味道的骨幹」，支撐著整杯酒的架構，作用類似替畫布打底。調味則是「覆蓋主體的面紗」，是塗在畫布上的顏料；這個階段

便決定了整張畫的用色。重要的是,「主體＋調味」就必須足夠美味,如果還需要加入點綴才會好喝,則應該想一想,這杯酒是否欠缺了什麼。主要應該思考以下 2 點:

- 調味和主體的調性合適與否?
- 材料用量是否平衡?

主體和調味取得平衡後,再加入點綴錦上添花。點綴具有畫龍點睛的效果,能為調酒增添光澤,帶來變化,角色相當吃重。但加入太多點綴的材料,恐會篡奪調味的地位。因此必須嚴守「點綴不能比調味強烈」的原則。點綴終究只是點綴,以味覺感受來說,是入口後 4 秒或 5 秒後才浮現出來的味道。有時則是讓整杯酒的風味在最後產生變化的尾韻。

主體和調味間的關係也一樣。如果主體太弱,調味將反客為主。這就好比醬料的味道太濃,導致我們完全吃不出肉排(主菜)的味道。這種情況也常常發生在調酒上。

總結來說,構思調酒的酒譜時,需要考慮各個環節,並且拿捏好材料間的權力結構,確保調酒入口後能依序感受到主體、調味、點綴的特色,或是感覺各個材料間的風味均衡。我預測未來調酒的架構將會繼續改變,且更加兩極化,一部分將變得更加複雜,一部分則追求極簡。像水割(威士忌加水)就是一種極簡調酒,想要掌控水割的風味,酒水比例當然重要,但技術成分也很吃重。當「材料」和「技術」也納入「構成理論」,調酒的架構將變得更加複雜,需要兼顧酒譜、風味平衡、材料、技術等 4 個方面。我相信各位讀了本書,必能獲得一些啟發或答案的端倪。請各位務必仔細分析每份酒譜,找出其中的基底(主體)、調味、點綴,辨別該酒譜是更注重材料,還是更注重技術。我相信這也能訓練各位的創作能力。

〔根據攪拌法或搖盪法調整酒譜〕

我相信人人都曾煩惱某杯酒到底要用搖盪法還是攪拌法調製。或許有些人打定水果調酒就是要配搖盪法，全數酒精材料的組合就是要配攪拌法。不過這也取決於使用的烈酒或利口酒。以往大多調酒的酒類材料特色都很鮮明，但近年來多了不少風味細膩的材料，好比工藝琴酒就是如此。如果基酒或液體本身的風味已經很多層次且有趣，那麼重點就在於如何加以發揮。這種情況下，與其採用搖盪法，選擇攪拌法更好；即使調製的是琴費斯也一樣。只要材料不含蛋、奶油、巧克力或油脂類，都可以使用攪拌法。

尤其用攪拌法調製水果調酒，能創造更加立體的滋味。追根究柢，水果本身真的需要過度冷卻和稀釋嗎？水果經過適度冷藏且直接食用的狀態最甜美，既然如此，用於調酒時，攪拌法也比搖盪法更合適。

讓我們想像一下用攪拌法調製水果調酒的情況。既然是攪拌法，風味的呈現自然更加直接明瞭。假如酒感太強，可以減少基酒的用量；水果盡量用搗棒現搗，過濾後使用。若使用傳統的紗布濾過，質地會變得太單薄，所以大多有果肉的水果用濾網過濾即可；石榴或柑橘類水果倒是無所謂。此外，使用攪拌法調出來的水果調酒，酸感和甜感也與搖盪法不一樣，液體會更加厚重、沉著，甜感會更加直接，酸感則更加溫和。採用搖盪法時，液體經冷卻會抑制甜感，這意味著改用攪拌法時應減少甜味的分量，同時也應該減少酸味。總結來說，基礎概念是「發揮基酒細膩的特色」。因此從搖盪法改成攪拌法時，應減少基酒的用量，也減少酸甜味的分量。見以下範例：

〔搖盪法的酒譜〕		▶	〔攪拌法的酒譜〕	
45ml	細膩的基酒		40ml	細膩的基酒
15ml	檸檬汁		10ml	檸檬汁
10ml	糖漿		5ml	糖漿
4 顆	草莓		5 顆	草莓

些微的用量差異，以及攪拌或搖盪的技巧不同，成品的味道將完全不一樣。

若液體本身有稠度，那麼調製完成後時間過了愈久，口感會愈厚重，甜味也會愈強烈。這種情況下，供應時最好使用裝著冰塊的古典杯。如果用攪拌法調製草莓、芒果、甜瓜、無花果等水果的調酒，供應時加冰塊可以保持成品的低溫，又能慢慢稀釋，變得更加易飲。但假如使用水分較多的水果，供應時則建議不要加冰塊，比如西瓜和柳橙、葡萄柚等柑橘類，以及葡萄、番茄。可以選擇用

短飲杯盛裝,例如飲用時口感較好的薄口杯,或有助於聞香的紅酒杯。

未來,烈酒品質將愈來愈精緻。想要將這些優質烈酒運用自如,加以發揮其特色,「以攪拌法調製」的思維肯定大有助益。

2. 如何開發原創調酒

我到世界各地調製雞尾酒時，所有調酒師都會好奇地問我一件事：「你是怎麼想出這個酒譜的？」我個人構思調酒的原點和過程並不固定，但大致可以劃分為以下 6 種出發點。

①概念（故事、主題）
②視覺（照片）
③材料（自製材料、現成品）
④構成要素與適合度
⑤妄想
⑥靈光一閃
……＋環境

1）概念

大約自 2010 年開始，調酒開始講究起「概念」。簡單來說，就是一杯酒自己的意義、主題、故事。有特色的名稱和故事，可以提高調酒的附加價值，創造新的潮流。背後雖然包含每間酒吧在酒單上做出差異化的意圖，但主要還是受到調酒比賽的影響。

恰好從那個時候開始，酒商主辦的調酒競賽興起，奮發向上的調酒師一窩蜂地報名參加。參賽的調酒作品需具備很強的故事性，而比賽本身也是酒商促銷自家產品的活動，因此主辦方將比賽重心擺在能吸引消費者的「故事＝概念營造」，並從全世界的調酒師身上尋找點子。成千上萬的調酒師，想出了大量的概念和故事。各種調酒接連誕生，流行主題層出不窮，前仆後繼。代表例子如「復刻禁酒令時代的調酒」、「堤基調酒」、「電影」、「香水調酒化」、「超現實主義」、「小說（例如海明威）」、「旅行」、「在地文化」、「茶文化」等等。

如今，時代潮流更從個人為了比賽而構思「一杯具有概念的調酒」，走向每間酒吧各自開發「一套具有概念的酒單」。好比「完全使用在地材料製作的永續調酒」、「由某座日本森林內植物園的研究員製作的調酒」，在特定的主題下，開發故事連貫的一系列調酒。

〔構思酒單概念〕

如何構思酒單概念？無論是什麼企業，都不可能一而再再而三想出暢銷商品的概念，我們集團的成員也為了構思概念而煞費苦心。我通常會按照以下方式整理想法。

1. 先列出所有想法（盡可能寫下「不可能實現」和「奇特」的想法，無論是突發奇想，或其他店家已經有的概念都無所謂）

2. 從中選出一個想法。寫在紙張中心並圈起來，然後在外圍寫下可能的調酒類型，同樣圈起並連線。如果在這個階段寫不出幾種類型，那麼該概念就要駁回。至少要寫出 3 種類型，才能進入下一個階段。

3. 比照相同方式，每種類型的外圍寫上能聯想到的調酒。這個階段也至少要寫出 3 種以上。

↓

最後應該會有 1 個核心概念，周圍有 3 個調酒類型，每個類型周圍也有 3 種＝共 9 種調酒的方案。只要一個概念能聯想到至少 9 種調酒方案，那就算是不錯的點子。相反地，如果在哪個環節卡住，很可能是概念或類型的環節出了問題。雖然凡事始於創意，但迷茫或煩惱的時候，這張圖表將成為判斷的基準。

概念構思範例

Step 1　列出概念候選清單
- 原始時代調酒（盡量使用自然發酵的材料？）
- 有機＆純素調酒（完全使用有機、純素材料）
- 以蜂蜜和化為土的調酒（蒐集世界各地的蜂蜜，做成利口酒、蜂蜜酒、糖漿）
- 單一產區可可調酒（僅使用單一產區可可製成的烈酒和調酒）
- 使用日本茶的調酒（精心挑選日本各地的茶葉，做成調酒）
- 清酒調酒（用清酒做出前所未有的調酒）
- 未來能量飲調酒（完全使用昆蟲材料的調酒。例如螞蟻、蚱蜢、血液等）
- 發酵調酒（完全使用發酵材料，如清酒、葡萄酒、水果酒、蜂蜜酒、味噌、醬油等等）
- 太空調酒（可以在外太空喝的調酒）
- 世界各地的茶調酒（使用中東、南美的茶製作的調酒）
- 甜點調酒（具有藝術感的甜點調酒）
- 香氛配對調酒（聞香後再喝會改變味道的調酒）

Step 2 選擇一項候補概念，思考調酒類型

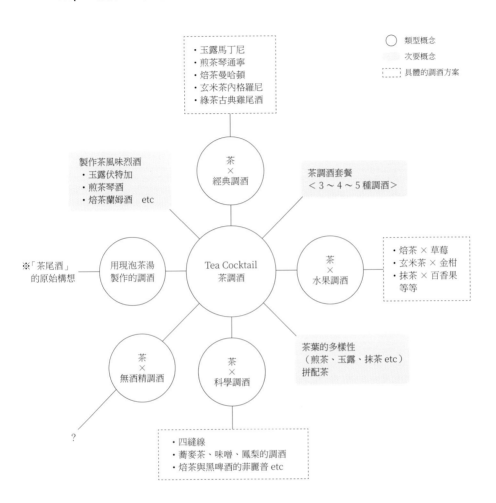

上方是我當初構思茶調酒的時候畫下的配製圖。動筆時，我已經確定了類型，也有辦法想像出具體的調酒，因此判斷這能作為「酒單」的起點。最後也發展成專門提供「茶調酒」的店鋪。

２）視覺

我的電腦裡存了上千種調酒和飲料的照片以備參考。有時候，視覺資訊也能刺激我的想像，幫助我開發調酒。雖然光看照片無法了解味道的構成要素，不過我會先擬定成品的視覺設計，包含顏色、透明度和風格，再制定具體的酒譜。

在這種情況下，10 個人可能會想出 10 種不同的酒譜，所以我們團隊也會共享圖像，集思廣益。「香燻加加內拉」（p.134）就是這樣開發出來的。雖然「被煙霧包圍且搭配一顆大冰塊的調酒」視覺上還算常見，但我們試圖用味道打破想像，所以酒譜設計得比較複雜。

３）材料（自製材料、現成品）

從「材料」開始製作，也是設計調酒的方法之一。調酒材料（原料）可以分成「自製材料」、「現成品（市售產品、天然素材）」，自製材料的優良範例包含藍紋乳酪白蘭地、山葵琴酒等風味浸漬烈酒。我原先並無計畫「用這些材料調什麼酒」，只是專心做出優質材料（烈酒），完成後再嘗試拿來調酒，並調查其性質與適合搭配的材料，調酒的想法才慢慢成形。

重要的是嘗試與驗證。假設我用肥肝伏特加，調製伏特加琴蕾（Vodka Gimlet）、黑色俄羅斯（Black Russian）、水果調酒，結果恐怕會令人噁心反胃。我發現肥肝的風味跟酸味不合，酒譜若缺乏甜味，架構上無法達到平衡。相反地，甜味能讓肥肝風味更加圓潤。經過這樣逐一刪去壞點子，摸索能發揮材料特色的調酒，最後便成功開發出「美味巧克力馬丁尼」（p.172）、「藍紋乳酪馬丁尼」（p.170）。

使用「現成品」時，也要了解其特性與適合搭配的材料，並嘗試組合。我創作調酒時以這種方法居多，所以我會不斷製作新的「材料」。只要有了「材料」，就能催生出更多新調酒。如果覺得自己怎麼樣都想不出新的調酒，在構思調酒的點子之前，不妨先重新審視一下眼前的材料。

4）構成要素間的關係

我們可以根據材料之間的適合度、構成元素之間的關係來構建一杯調酒。這需要知識。我會出門旅行，尋找更多案例或靈感，平時也經常調查各種資訊。

①從專業書籍、烹飪書籍取得靈感

翻閱各種書籍，可以學到各種材料之間如何搭配。以下的列表是我經常參考的書籍：

> 《風味辭典》（The Flavor Thesaurus，Niki Segnit 著，曾我佐保子、小松伸子譯，樂工社）、《廚藝好好玩：探究真正飲食科學·破解廚房祕技·料理好食物》（Jeff Potter 著）、《專家的甜點收藏》（プロのデザートコレクション -76 店のスペシャルな 172 品 -，柴田書店編）、《醬汁的嶄新用途與表現》（ソースの新しい使い方·見せ方〜フランス料理の思考力，現代法國料理研究會著，旭屋出版）、《在家重現當代料理》（Modernist Cuisine at Home，Nathan Myhrvold 著，山田文等人合譯，KADOKAWA）、《發酵聖經》（Sandor Ellix Katz 著）、《食物與廚藝》（Harold Mcgee 著）

我從甜點的配方，學習如何拼湊材料；從料理的醬汁，了解各種食材適合搭配的調味料。並從科學驗證的角度了解理論，思考材料的處理方式。舉例來說，當我想要用豬肉創作一杯調酒時，我會查閱《風味辭典》，上面記載了適合搭配豬肉的材料一覽表，其中有蒔蘿、柳橙、黃芥末、乳酪等等。於是我開始組合材料：用浸漬培根的烈酒，搭配新鮮的柳橙果肉，最後再讓蒔蘿浮在表面。

許多情況下，我會先尋找優良的組合範例，思考要從中選出哪一項組合，像拼圖一樣摸索該如何拼湊、運用材料。舉例來說，當我從「黑松露草莓甜點」得到靈感時，會設想幾種做法，例如用烈酒浸漬松露，或使用松露蜂蜜。而草莓基本上愈新鮮愈好，但或許用果醬也不錯。最後，我做出黑松露伏特加，草莓加香草做成蜜餞，利用搖盪法完成調酒。

②著眼於製造方法、生長環境

尋找適合搭配的材料時，製造方法和產地往往藏著提示。使用相同方法生產的東西，通常也很合得來。發酵食品就是典型的例子，味噌和巧克力、清酒和味噌、咖啡和巧克力都是如此。而產地相近、生長環境相似的東西，也很可能適合搭在一塊。例如，芝麻和可可的生環境都很炎熱，而麻油和巧克力味道相襯，作為調酒材料也說得過去。也別忽略可可樹旁邊種了芒果樹或香蕉樹，茶園附近種了薯類作物等情況，這些材料通常也很搭調。同一個產地的清酒和水果也很搭，所以我用清酒製作水果調酒時，一定會選擇相同產地的水果。

③看調酒書學習

我有時也會參考國外的調酒書籍。大致瀏覽酒譜後，選擇自己很難想到的口味或是奇特的配方實驗看看，有時候也會做出非常好喝的酒，或發現有趣的味道。

自己調酒時，難免會調出個人偏好的口味，材料的比例往往也一成不變。想要扭轉這種情況，參考外國調酒師的酒譜可以學到不少東西。但是光看書也沒有意義，重要的是實作，親自確認口味。

5）妄想

妄想與想像類似，但我刻意寫成妄想，代表尚不足以稱作概念，只是「希望有這樣的調酒」這種程度的幻想。「冬蔭酷樂」（p.162）和「破戒僧」（p.180）就是我根據妄想開發出來的調酒作品。「冬蔭酷樂」源自「如果有一杯正宗冬蔭功風味而且能大口暢飲的調酒好像很有趣」的妄想；「破戒僧」則源自「如果和尚暗中喝調酒會喝些什麼」的妄想。我還有多到數不清的妄想，例如「觸感和味道像鬆餅的調酒」、「感覺像石頭味的調酒」、「釋放 α 波的調酒」、「使用原始時代材料製作的調酒」、「模擬釉藥的調酒」、「用各種木頭、香木和樹脂製作的系列調酒」等等。

6）靈光一閃

有時候，也會天外飛來一筆靈感。可惜我並沒有一張處方箋可以教人「如何靈光一閃」。但為了觸發靈光一閃，並抓住機會，還是得做好某些準備。
首先是整頓環境。我們必須準備好製作創新事物所需的環境。靈感有保存期限，閃過的瞬間必須立即實現，否則很容易消失無蹤。為了在靈光一閃的當下實現想法，身邊必須備好各種材料和設備。當靈感一來，可不能因為缺乏材料而等到下週再說。到了下週，靈感可能已經變了樣，甚至很有可能早已不在腦袋裡了。

為了隨時迎接靈感的到來，必須準備超乎目前會用到的設備、材料和酒類，愈豐富愈好。有一陣子，我每天會花個 30 分鐘左右望著酒櫃。坐在客人的位子，望著酒櫃，掃視材料，透過視覺隨機組合，直到浮現模糊的想法。無論是透過視覺還是味覺，資訊一旦進入大腦就不會消失。而只要存放在腦中，總有一天這些材料會突然串聯起來，形成酒譜。

我認為,想不出點子是因為大腦中的拼圖還不夠,或是材料還沒有多到滿出來。想不出點子時,我會持續吸收我認為必要的資訊,看書、上網、尋找食品、品嚐食材,與廚師、調酒師等專家交流。如果需要了解歷史,就閱讀歷史書籍;如果涉及食材成分的事情,就大量查閱食材辭典和食譜網站。持續吸收資訊,總會碰到資訊滿出來的時候,而點子就會在這種時候湧現。一旦冒出點子,就要立刻實踐並編排酒譜。以上就是我創作調酒時的一連串流程。

基本上,我認為點子不是說有就有的東西。這是構思調酒時最大的前提,所以即使想不出好點子,我也不會焦慮。好點子本來就是這樣,就算一時想不到,我也不在意。我相信只要不斷吸收資訊,最後一定會冒出想法,實際上也是如此。靈光一閃不是靠天賦,而是靠一定時間與一定品質的努力。雖然某些搭配可能講求一些品味,但只要準備大量的材料和資訊,任何人都能想出相似的組合。抱著這種想法,也比較容易獲得好的結果。

重要的是腳踏實地,用心且花時間重複「整頓環境」、「吸收資訊」(輸入)、「實作」(輸出)、「檢驗、聆聽意見」的循環。

3. 多聽其他人的意見

當店裡酒單準備換季時，還有設計新酒吧的酒單時，我會和整個團隊一起構思調酒。不過多名調酒師各自思考可能會沒有共同的方向，所以我們會採取以下做法。雖然會視內容調整，不過首先會制定幾個類別：①清爽口味、②水果味、③甜味、④苦味或酒感較強的口味、⑤具挑戰性的特殊口味，然後每種類別各自舉出幾種想法。例如——

①清爽口味較多人點，所以想 6 種
②水果味調酒受季節影響，所以想 4 種
③甜味調酒較小眾，所以想 2 種
④最近有不少外國人喜歡苦味或酒感較強的口味，所以想 3 種
⑤具挑戰性的特殊口味可以作為酒單的亮點，所以想 2 種

接下來，要決定如何分工，這時如果有其他條件也要加上去。例如，每種類別都必須用梅茲卡爾、生命之水、香檳各做 1 杯。這麼一來，就能梳理交通狀況，避免大家的想法撞車。大家酒譜想得差不多後，再團體試做、試喝（不公開作者）。做好的調酒分別標號，大家一起試喝，寫下各自的評論，用便條紙貼在調酒上。討論完彼此的意見後，作者再回收自己調酒上的便條紙參考，用於下一次調整。

如果我一個人決定所有的口味，恐怕會太偏向我個人的喜好。基於這種可能，我採取了上述方法。很多時候，我個人不太中意某杯調酒，其他員工卻認為「出人意表，非常好喝」。如果我自己試喝，可能會覺得行不通，導致這杯酒永遠不見天日。我的意見是我的意見，不一定是正確的，而且每位客人的口味也不同。由於調酒屬於一種嗜好品※，所以多數意見肯定值得一聽。

許多調酒師偏好獨自創作，不太願意聽取他人意見。但最後評價的人終究是顧客，所以必須聽取各種意見。我自己構思調酒時，最少也會先請 10 位客人品嚐，聽取他們的意見，加以改進後才列入酒單。這樣可以找出酒譜的漏洞，讓原本的靈感更加完善。若多人匿名試飲，可以聽到更多意見。這麼做一定能得到許多寶貴的意見。

※ 嗜好品：目的不在攝取營養，而是享受其風味的食物或飲料，例如茶、酒、咖啡。

終章

酒吧業的未來

1. 未來調酒師應具備的素養

調酒師這份職業、地位與意識的轉變

調酒師的社會地位，是一項很重要的問題。從前，調酒師在任何國家都被視為「不良份子」，社會地位低落。而最早促進調酒師社會地位提升的契機，得歸功於過往時代幾位大放異彩的調酒師，在美國有傑瑞・托馬斯（Jerry Thomas，1830 － 1885），在倫敦有哈利・克拉多克（Harry Craddock，1876 － 1963）。

他們創造出許多調酒，培育了許多調酒師，並著書傳播自身技術與知識。二戰後，調酒也在日本普及，但調酒師的社會地位依然低落。社會認為調酒師收入不穩定，許多人也因為調酒師身分，婚事遭到否決（這可能是餐飲業普遍面臨的狀況）。為盡力打破這種狀況，調酒師組成公會，團結起來，致力提高社會地位。從這個意義上來說，當今數個調酒師組織實在勞苦功高。

話雖如此，隨著時代變遷，組織的角色也在逐漸改變。在這個傳統框架逐漸消失的時代，調酒師的角色和志向也相當分歧。愈來愈多的調酒師不再必然歸屬單一組織，思想更加自由、開放；另一方面，也出現了不少異於傳統組織的社群，舉辦各種研討會、主題會議。未來，調酒師勢必將走出吧檯，與各行各業串聯，擴大自身價值。

隨著整體社會職業意識的變化，我想也會出現更多自由業態的調酒師。雖然仍有一些條件需要滿足，但要說如今在全球任何地方都可以當調酒師也不為過。

未來調酒師應具備的素養

未來的調酒師將跳脫吧檯的限制，自由自在地工作。這種將各種元素混合（mix），創造嶄新價值的職業，完全體現了「Mixology」的精神。
有些調酒師會以顧問身分，協助打造酒吧和餐廳的團隊，或根據特定概念協助規劃店面。有時也會受託於品牌形象鮮明的企業或行業，創作體現該品牌的調酒，作為品牌行銷的一環；比如用調酒表現時裝、珠寶、手錶、汽車。

另一方面，工藝琴酒興起，世界各地也開設了許多新酒廠。愈來愈多調酒師任職於小型酒廠，或發揮調酒師的知識監製產品。隨著調酒師本身的生產力提高，調酒業界能吸引更多金流，催生更多酒吧，投資者也更願意投資優秀的調酒師，幫助調酒師自立門戶。以上情況都是 2019 年實際發生的事實。

儘管目前只有部分同行意識到上述工作的可能，但我相信將來會有更多人跟進。調酒師具備調酒相關技術和知識是理所當然的，但未來需要具備更多能力，諸如管理能力、建立團隊的能力、組織溝通能力、指導能力、教練能力、企劃能力、行銷能力、產品開發能力、情蒐能力……。當然，各個情況所需的能力不同。而且，能力愈強，在市場上的人才價值就愈高。

換句話說，我們需要具有領導力，懂得管理，擅長溝通，有能力開發產品，且有辦法培養新世代人員的人才（調酒師）。實際上，這樣的理想人才或許還是鳳毛麟角，而且無論哪個行業，具備這些能力的人才都很搶手。但可以確定的是，現代調酒師已經不能只有調酒技術和酒類知識了。只要人人將目標設定得夠高，潛心精進，這個行業就會變得更具創造性，接壤更多文化。

調酒師必須日復一日學習不懈，培養各種能力，才能在國際上發光發熱。尤其團隊管理能力非常重要。儘管仍然有人單打獨鬥，但團隊合作可以推動更大的計劃，實現更大的成果。開店也是如此；需要建立團隊，設定目標，並有一位強而有力的領導者率領團隊實現目標。領導學、教練學、管理學都是不同的專業領域，我認為所有調酒師都需要選擇各自較擅長的領域，或有需要的領域，認真學習。

除此之外，長遠來看，最重要的還是**教育**。我們需要建立培育優秀調酒師的機構，開設涵蓋所有調和技術、酒吧經營、專案管理等內容的課程。如今網路發達，學習場所也不再受限。世界各地的調酒師都能衛星連線教學，所有文獻和教材也能翻譯成各國語言，全球迅速共享資訊與知識。為了調酒業界的發展，必須培養出更多懂得調和技術、管理方法，以及領導能力的優秀調酒師。在這個領域投入最多教育心力的國家，將領航未來的酒吧業，成為全球酒吧業的支柱。

2. 調酒的未來

調酒的未來會如何發展？流行總是以一定的週期循環，小流行的週期大約 1 年～2 年，而烈酒的流行週期則可能長達 5 年左右。

為了思考調酒的未來，讓我們再度回首過去。18 世紀後半，美國調酒黃金時代揭幕，當時誕生的調酒花了 50 年以上的時間逐漸茁壯。然而，於 19 世紀前期集大成的調酒和技法，直至今日都沒有太大的變化。第二次世界大戰後，全球文化大為轉變，物質的流動、時代的潮流和人們的生活方式，都影響了調酒的發展。若大致劃分調酒的變化週期，第一次是 1880 年～1945 年（65 年），第二次是 1945 年～1980 年代（35 年），其後至 1990 年代都沒有太多變化，接著第三次是 2000 年代～2019 年（約 20 年）。調酒變革的時間間隔逐漸縮短，當然就代表流行的週期也變得更短了。

調酒界自 2000 年開始逐漸興起一波巨大的變革，2008 年後急劇成長，即使到了 2019 年的今天仍在緩緩成長。但我認為 20 世紀的變化目前已經陷入停滯；儘管未來仍然會繼續緩慢發展，但科技日新月異，預期到了 2030 年代，自動化將更為普遍，調酒將徹底變一個樣。關於自動化的影響，我會在下個項目仔細闡述。

接下來我們看看烈酒。過去 30 年來，尚未流行過的烈酒如蘭姆酒、干邑白蘭地、卡爾瓦多斯、水果白蘭地。琴酒的流行要歸功於其製作容易，且容易發揮地區特色等性質。而對棕色烈酒來說，陳年的製程造就其稀少性，也較容易受歡迎。從這個角度來看，蘭姆酒或干邑白蘭地也具備未來可能流行的要素。此外，我相信將來也會出現更多使用世界各地茶葉製作的調酒、完全使用有機材料製作的調酒、像自然葡萄酒一樣的自然派飲料，以及使用嶄新方法或材料製成的蒸餾酒或釀造酒。

關於調酒的酒譜，我認為目前運用複雜手法的趨勢還會持續一段時間，然而一件事物太複雜，就難以普及，只有少數人在特定環境下才有辦法製作。所以全球最暢銷的調酒，往往都是經典的、簡單的調酒。如今的時代愈來愈講求「如何簡單做出美味的調酒」，這類調酒通常是經過細心琢磨，專注於本質的美味，去蕪存菁的作品。

餐飲業過往也有類似情況，從崇尚藝術性的高級美食，轉而追求自然主義的料理。物極必反，複雜終會走向簡單，激烈終會轉向沉靜。未來 2 年，人們將更加偏好設計簡單的調酒，優質精緻的杯子，盡可能簡化裝飾，口味上則兼具簡

單與複雜，尤其偏愛優雅的感覺（華麗且優質）；也可能更傾向於使用天然材料製作調酒。儘管調酒界未來將面臨巨大改變，但仍同樣與餐飲業趨勢息息相關。

目前酒吧業的流行趨勢，大約晚了餐飲業 3 年。也許過了幾年，餐飲業出現某項新趨勢 1 年後，酒吧業就會迅速跟上。只要仔細觀察餐飲業的狀況，就能多少預測調酒界的未來。而只要仔細觀察調酒業的趨勢，就能窺見咖啡和巧克力業界的走向。再接下來，可能就輪到茶的業界了。

以上談論的是流行的傳播順序。各行各業之間的流行傳播間隔愈來愈短暫，未來每個行業恐怕都只需要 1 年左右就會跟上流行。儘管如此，我相信未來幾年，料理界仍會是率先變化的業界。

調酒自動化（調酒師的存在之必要？）

在這波科技革新的浪潮中，所有事物紛紛走向自動化。從性質單純的工作開始，或許到最後絕大部分複雜的手工作業也將被機器取代。咖啡、酒、餐也有一部分會往這個方向轉變。在這樣的趨勢下，調酒會如何發展？以下是我為了做好準備迎接未來而提出的重要假設。

在不久的將來，家用與商用自動調酒機即將問世。這種機器是根據以下流程設計：

1. 精準測量每款調酒最佳的材料比例、溫度、製作過程的融水量、搖盪的充氣量。
2. 根據這些數值，實驗能否完全重現相同的味道。
3. 開發出某種可以保存調酒一個月以上的方法（膠囊或軟管），並製作取出內容物的硬體（機器）。硬體操作上最多 3 個步驟：①加入冰塊（或自動製冰）、②安裝調酒膠囊、③按下按鈕、④喝酒。使用機器時不能有放入酒瓶的動作，製作時間也不能太長，必須遵循「安裝、按下按鈕、喝酒」的簡單原則。

一旦技術進步到有辦法分析並複製一杯調酒，就能分析現今傳奇調酒師製作的馬丁尼、琴蕾、黛綺莉的酒譜，並流傳後世。而這些調酒將能在未來的任何時間、任何地點供應給任何人。即使在深夜的飯店房間、飛機上，或是任何沒有調酒師的地方，都能喝到這些調酒。

調酒師負責創作酒譜，可以設計一系列的調酒膠囊，或是發行限量調酒膠囊。比如發售世界知名酒吧酒單系列的調酒膠囊、知名調酒師的馬丁尼系列調酒膠

囊，這些商品的酒譜都是由調酒師設計。在調酒自動化普及的未來，調酒界將需要有能力創作酒譜的調酒師，也需要能想出充滿魅力的概念，並應用於調酒膠囊的人才。相信也會出現許多自由業態的調酒師，替酒廠構思調酒膠囊專用的酒譜。

在自動化的未來，調酒師和酒吧的價值將近一步提升。因為人們可以隨時隨地喝到高品質的調酒，所以顧客對調酒師、酒吧的期望，將高到前所未有的地步。這樣一來，技術欠佳的調酒師自然會被淘汰。不過，客人喝了機器調的酒也會冒出一種念頭：「希望我有一天也能喝到創作者本人調的這杯酒，或直接上酒吧嘗嘗看」。

在日本喝到紐約知名酒吧調酒膠囊的人，會希望自己有一天能親自到紐約的酒吧，點一杯同樣的調酒嘗一嘗。反過來說，假設有個住在倫敦，喜歡某間日本知名酒吧而經常購買其調酒膠囊的英國人，哪天來到日本，一定會上那間酒吧。自動化的調酒，就這麼與現實產生了連結。

在調酒自動化的未來，調酒師依然有存在的必要，甚至重要性不減反增。全球各地都能喝到創作力十足的調酒師所設計的調酒，而這也將進一步改變調酒師的地位和職業性質。

調酒師如何面對永續性、環境問題、健康問題

我記得 2017 年左右，「永續性」的概念開始影響酒吧業。首先，大家開始摸索減少垃圾、避免破壞環境的永續經營方式。據說新加坡某間酒吧每天產生的垃圾量不到 100g。這是透過慎選使用物品，盡可能重複利用所有資源的行動所實現的結果。業內討論會上，垃圾是必定討論到的議題，但大多人都認為，若缺乏行政機關的介入，恐怕很難促使整個業界共同解決垃圾問題。而聽說在香港，酒吧缺乏倉儲空間，難以將廢料儲存起來再利用，因此未來 5 年內要改革也相當困難。

解決環境問題需要大量的金錢、時間和勞力，但絕對不容忽視，我們必須從做得到的部分開始做起。垃圾自然是愈少愈好，但產生廚餘還是在所難免。希望酒吧業者購買店內放得下的小型廚餘處理裝置，將廚餘轉化為肥料。如果有業者願意收購，或某些大樓的屋頂或室內有菜園，這些肥料就能派上用場。然而，肥料只會愈堆愈多，所以請業者收購還是最實際的做法。

調酒師能為農業和環境做出什麼具體貢獻？包含積極使用在地產品和酒類，加以推廣，都能幫助農業，支持在地產業。再小的行動都有意義。儘管無法解決

漁業和畜牧業等重大問題，但人人都應該思考自己能解決什麼樣的問題。

我無法否認飲酒對健康有害，也可能引發某些意外。但為了打造輕鬆飲酒的氣氛，我們該如何防範飲酒過量對健康的傷害，還有喝醉時造成的意外？假如選擇滴酒不沾，那麼酒業就走不下去了。我們必須思考，我們需要什麼，才能讓酒業、酒吧業持續自由提供酒水給顧客，顧客也能自由且安全地喝酒。別幻想未來會開發出某種可以立即分解血液中的酒精，讓人馬上清醒的藥物。與其防止「酒醉」，更重要的是防止酒醉後可能引發的意外、事件和疾病。

未來大家必須對酒類的成分、供應方法、回家的方法、喝完後如何照顧自己等問題更加敏感。不少國家的酒精飲料只供應到半夜 12 點。雖然日本仍然很自由，不過酒精飲料供應時間改變，酒吧的營業時間也會隨之調整，未來將出現更多酒吧從中午開始營業，並於晚間 11 點左右打烊。敝集團有一間酒吧的營業時間就設定為上午 11 點至晚間 11 點。早點打烊，員工也可以趕在末班車前回家，不必於深夜時段工作，可以減輕身體的負擔。保障員工在安全、舒適的環境下長久工作，也是永續發展的一個面向，非常重要。

綜合以上所述，追求永續發展需要金錢、時間和勞力。為了提供更充分的員工福利、減少勞動時間、增加休假，調酒師必須設法提高生產力，將各方面整頓成有辦法採取永續行動的狀態。

3. 日式調酒的本質

真正要談論「日式調酒」這個主題，我恐怕還太年輕了些，而且老實說，也令人戰戰兢兢。然而日式調酒對於日新月異的調酒世界影響甚鉅，因此我認為有必要正確理解並探討其本質，長年以來我也一直在思考這件事情。

日式調酒談的是技術嗎？技術確實是一項重要因素，但也只是表面的一部分，最重要的是這些技術誕生背後的日本精神。

　　「怎麼樣才能防止冰塊融化？」
　　「如何搖盪才能調出更好喝的酒？」

上田和男先生深入鑽研以上問題，創造了硬搖盪（Hard Shake）的技術。攪拌技術和調酒師的儀態亦然。全球現在常見的球型冰塊，也是誕生於日本。調酒上的每一環節都有意義，都有人做出行動，都潛藏著技術，傳承至今形成了日式調酒的文化。其背後「追求本質的精神」，正是日式調酒備受全球讚譽的基礎。

正因為日本調酒師日復一日思考本質，才會精心挑選玻璃杯、調酒技法，研究冰塊。背後的本質始終是「追求美味」。缺乏這種本質的調酒，浮而不實，終將淪為被淘汰的「東西」。一旦追求本質，疑問便會湧現，而人為了解決疑問，便會嘗試、實驗、驗證，並且有所發現。追求本質的精神傳承下來，成就了今日的日式調酒。有多少日本調酒師，就有多少經過無數研究與驗證的結果。換句話說，日式調酒不僅僅是一種技術，更是一種尋求美味的探索精神，而且這個答案也絕對不是唯一。

我認為日式調酒的日本思維，與禪宗和侘茶有共通之處。上田和男先生於著作《上田和男的雞尾酒技法全書》中，將日式調酒稱作雞尾酒道。有意學習日式調酒的外國調酒師，務必同時學習「禪宗」和「茶道」，方能更加深入理解其內涵。

我們這一代人，繼承了眾多日本調酒師鑽研、孕育出來的技術與內涵，且有責任傳承下去。日本的酒吧文化獨樹一格，某方面來說也是遺世獨立。不過，我想眾人花了數十年「追求美味」，每個人心中都有一些自己的答案，但不少答案都埋藏在自己心裡，沒有分享出來。我並不是要大家鉅細靡遺分享出來，但我認為現代調酒師的責任之一，是將自己的答案結合上述的教育留給後世。我也希望本書能成為後人的參考資訊。

師法傳統與古典有其必要。傳統和基礎是「守破離」中的「守」。接著要了解當下，創造符合時代的新價值，基於傳統打「破」高牆。而創造力也有其極限，一旦過了巔峰，便應當將至今創造的技術、知識和思維留給未來。我們要「離」開當前位置，轉換角色。

大家不妨思考一下，自己未來幾十年能為調酒業的發展和調酒的創新做出什麼貢獻。不久的將來，或許日本調酒師也會前往非洲或中東地區活動，在當地成立調酒師培訓機構。調酒師、酒吧、調酒，都必須持續改變才有未來。每一個人，憑藉自身的意志和行動，才能開拓無垠的未來。

結語

撰寫本書的過程，有賴許多人的幫助。首先我想在此表達感謝。謝謝柴田書店的編輯木村小姐於本書全方位的協助，指導我組織文章、安排段落、整理結構。我也從中學習到，透過什麼樣的視角才能寫出一部首尾連貫的作品；什麼樣的文章結構，才能讓大多數人看得懂。感謝攝影師大山先生，將這些調酒生動地留在相片中。攝影的方式會大大影響照片的模樣，大山先生和木村小姐花了許多時間，認真且耐心地設法拍出我希望表達的感覺。衷心感謝兩位在拍攝過程真摯地傾聽我模糊的想法。

我也要再次感謝所有協助我準備材料和拍攝的同事，所有教導不才如我關於調酒師和調酒種種的前輩，相互切磋並共同引領這個業界發展的所有同行友人，教導我茶的本質的諸位茶農，以及撐起日本蒸餾酒的新興燒酎酒藏。多虧有大家的支持，我才能夠寫出這本書。

調酒是一種文化。文化即人與人之間的連結，像接力棒一樣代代相傳。我開設酒吧的目的，正是藉由調酒創造文化，如今也走了 10 年。我之所以對這麼多事物感興趣，並且一路製作調酒至今，其中有許多原因。雖然也不乏我個人永不滿足的好奇心，但最大的原因是，所有液體都有做成調酒的可能。液體和材料擁有無限可能，器材也不斷推陳出新。我已將茶、咖啡、精釀啤酒、燒酎「調

酒化」，目前已計畫下一步是開發清酒、各種植物的調酒。像這樣不斷擴大「混合」的範疇，大量驗證，累積大量的酒譜，我相信最後必定產生反彈的力量，一切開始收斂。當混合的概念擴張至極限，人們會開始剔除多餘的技術和知識，最終留下某些概念和守法，而這時調出來的酒，肯定就是我心目中最棒的調酒。為了那些尚未現身的調酒，我將不厭其煩地「追求複雜性」、「開發新技術」、「運用科學設備」。我相信這些軌跡與實證，將形成「道」，長期下來成為眾多「調酒文化」發展的沃土。

期盼科學調酒的概念未來更加普及，解放大家的思維，助大家發揮無限創意發明更多調酒，也願這些調酒受到人們的喜愛。我由衷希望，這本書能協助更多調酒師和調酒愛好者解決煩惱，成為各位在調酒師之路上的一份助力，讓各位了解調酒具備無限的可能。

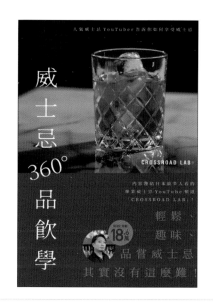

威士忌 360°品飲學

15×21cm ｜ 160 頁｜彩色｜定價 450 元

18.6 萬位訂閱者！
威士忌 YouTube 頻道「CROSSROAD LAB」
酒吧老闆談天說地，
教你如何以輕鬆有趣的心情享受威士忌！
無論是初學者還是威士忌愛好者，
都可以從書中或影片中感受到品嚐威士忌的樂趣～

◉掃 QR code 直接看影片！
◉全方位威士忌知識
◉由愛好進階到專業
◉初心者最佳入門手冊
◉調酒師培訓參考教材

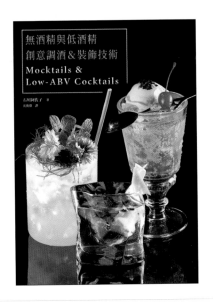

無酒精與低酒精　創意調酒＆裝飾技術

15×21cm ｜ 336 頁｜彩色｜定價 680 元

127 款創意調酒，12 間日本專業酒吧
一窺無酒精與低酒精飲品的極限創意
學習創新技術與精緻裝飾技巧

滴酒不沾的人也可以享受
小酌一杯的愛好者更能細細品味
具有想像力和故事性的上百杯調酒等你探索
新型態酒吧創業者必參考

微醺最美！調酒師嚴選低酒精調酒&飲品

19×25.7cm ｜ 176 頁 ｜ 彩色 ｜ 定價 550 元

不再追求「不醉不歸」，
新世代飲酒特色是「微醺最美！」

「低酒精」調酒和飲品橫空出世，
享受飲酒的氛圍又減少身體的負擔，
是擔心不勝酒力者的最佳選擇！

本書請來 14 位專業調酒師為您特調！
精心獨創的配方，將低酒精的特色發揮得淋漓盡致！

＃在家自調自飲，自得其樂；
＃開店最佳酒單，高朋滿座！

獻給餐飲店的飲料特調課程

18.2×25.7cm ｜ 128 頁｜彩色｜定價 450 元

從經典款到變化型
追求飲品調製的嶄新可能性

從風味、外觀、搭配的靈活性都一應具全
洋溢視覺、嗅覺、味覺等多層次的魅力
從經典款到變化型，追求飲品調製的嶄新可能性

日本飲料專業職人團體「香飲家」成員將多年經驗
與研究成果，集結出最適合用於店鋪餐點的「82」
道嚴選飲料食譜

南雲主于三（Nagumo Shuzo）

1980年出生於岡山縣。1998年踏入酒吧業，於東京許多酒吧累積工作經驗。2006年7月，因計劃1年後自立門戶，獨自前往英國進修，任職於倫敦大都會 COMO 飯店內的 NOBU London，工作之餘遊歷歐洲各地。2007年8月回到日本，一度擔任 XEX 東京的首席調酒師。2009年1月成立股份有限公司 Spirits & Sharing，以 The BAR codename MIXOLOGY（位於東京八重洲）為首，開設了許多酒吧。同時，他經常於世界各地舉辦調酒講座、快閃活動，也擔任顧問，協助店家開發酒單，協助製造商開發產品，參與企業的推廣活動。

The BAR codename MIXOLOGY akasaka （東京・赤坂）
Mixology Salon （東京・銀座）
memento mori （東京・虎之門）
Mixology Heritage （東京・內幸町）
http://spirits-sharing.com/

TITLE

科學調酒聖經

STAFF

出版	瑞昇文化事業股份有限公司
作者	南雲主于三
譯者	沈俊傑
創辦人/董事長	駱東墻
CEO/行銷	陳冠偉
總編輯	郭湘齡
文字編輯	張聿雯　徐承義
美術編輯	朱哲宏
國際版權	駱念德　張聿雯
排版	曾兆珩
製版	印研科技有限公司
印刷	龍岡數位文化股份有限公司
法律顧問	立勤國際法律事務所　黃沛聲律師
戶名	瑞昇文化事業股份有限公司
劃撥帳號	19598343
地址	新北市中和區景平路464巷2弄1-4號
電話	(02)2945-3191
傳真	(02)2945-3190
網址	www.rising-books.com.tw
Mail	deepblue@rising-books.com.tw
港澳總經銷	泛華發行代理有限公司
初版日期	2024年12月
定價	NT$680 / HK$213

ORIGINAL EDITION STAFF

撮影	大山裕平
デザイン	甲谷一・秦泉寺眞姫（Happy and Happy）
編集	木村真季

國家圖書館出版品預行編目資料

科學調酒聖經/南雲主于三作；沈俊傑譯.
-- 初版. -- 新北市：瑞昇文化事業股份有限公司, 2024.12
304面 ; 15×22.5公分
ISBN 978-986-401-785-0(平裝)

1.CST: 調酒

427.43　　　　　　　　113016512

國內著作權保障，請勿翻印／如有破損或裝訂錯誤請寄回更換
THE MIXOLOGY
Copyright © Shuzo Nagumo 2019
Chinese translation rights in complex characters arranged with
SHIBATA PUBLISHING Co., Ltd.
through Japan UNI Agency, Inc., Tokyo